中国科学院华南植物园
广东翁源青云山省级自然保护区管理处
深圳市兰科植物保护研究中心

广东翁源青云山省级自然保护区植物区系与植被

Flora and Vegetation of Qingyunshan Provincial Nature Reserve, Wengyuan, Guangdong

王发国　杨新东　邢福武　谢冲林　主编

中国林业出版社
China Forestry Publishing House

图书在版编目（CIP）数据

广东翁源青云山省级自然保护区植物区系与植被 / 王发国等主编. --北京：中国林业出版社，2022.12

ISBN 978-7-5219-1631-7

Ⅰ.①广⋯ Ⅱ.①王⋯ Ⅲ.①自然保护区－植物区系－研究－翁源县 ②自然保护区－植被－研究－翁源县 Ⅳ.①Q948.526.54

中国版本图书馆CIP数据核字（2022）第057667号

内容简介

广东翁源青云山省级自然保护区位于韶关市翁源县东南部，属森林生态系统类型自然保护区，其植被类型多样，植物种类丰富，区系成分复杂。本书是编者在对广东翁源青云山省级自然保护区植物区系和植被进行了多年野外调查的基础上，查阅相关资料，经标本鉴定、样方资料整理分析，提出了青云山自然保护区植被分类系统；对保护区的植物区系、群落生态学、物种多样性、珍稀濒危植物、植物资源等进行了比较深入的研究，并提出了保护与利用建议。本书将为我国亚热带地区植物区系、资源与植被的研究，当地生态环境的保护，以及生物多样性的保护和可持续利用提供基础资料，可供植物学、生态学、林学、农学工作者、大专院校师生和植物爱好者参考使用。

广东翁源青云山省级自然保护区植物区系与植被　　　　王发国 杨新东 邢福武 谢冲林 **主编**

出版发行：中国林业出版社
地　　址：北京西城区德胜门内大街刘海胡同7号

策划编辑：王　斌
责任编辑：张　健　刘开运　吴文静　　　　　　　　装帧设计：柏桐文化传播公司

印　　刷：北京雅昌艺术印刷有限公司
开　　本：889 mm × 1194 mm　1/16
印　　张：13.25（其中彩插1.75）
字　　数：405千字
版　　次：2022年12月第1版　第1次印刷
定　　价：98.00元

编委会

项目资助

广东翁源青云山省级自然保护区管理处

　　翁源青云山自然保护区植物综合调查研究项目（WYCGF2016003）

广东省重点领域研发计划项目（2020B1111530004）

　　粤北生态屏障生态系统服务功能提升技术

韶关市野生动植物和自然保护区管理办公室

　　韶关市陆生野生珍稀植物资源调查

广东省野生动植物保护管理项目、广东省野生动植物保护管理及湿地保护专项资金

　　韶关市第二次全国重点保护野生植物资源调查、广东省第二次全国重点保护野生动植物资源调查（蕨类植物）

协作单位

华南农业大学

中国林业科学研究院热带林业研究所

翁源县林业局

前　言

生物多样性是地球数十亿年来生命进化的结果，是人类和社会存在发展的基础，同样也是我国生态文明建设的重要内容（齐萍和刘海涛，2021）。从党的十八大以来，习近平总书记多次阐述生物多样性保护的重要意义、丰富内涵和实践途径。当前，人为活动导致的生物多样性丧失和生态系统退化，全球的物种灭绝速度不断加快，引起了人类的反思。该如何保护生物多样性，创造鸟语花香、万物和谐生长的生态环境成为了人们当前关心的主要议题。

物种是生物多样性的基础单元（洪德元，2016），一个地区生物多样性的高低很大程度上是根据该地区的物种数量来确定的。物种的编目、分布、系统发育和生活史等性状是生物多样性研究的数据基础（王昕等，2017）。植物作为食物链中的生产者，持续地向生态系统输入能量，维持着整个生态系统的稳定。绿色植物与地形共同作用所形成的高大的森林、低矮的灌丛、湿地等小环境，是各种生物栖息和繁殖的重要场所。因此，植物多样性的维持对生物多样性高低，乃至生态系统的稳定性都起着至关重要的作用。

植物区系是植物地理学的重要分支，是以植物分类学为基础，研究一定范围内的所有植物种类的组成、现在或过去的分布规律，以及起源演化和演变历史（王荷生，1992；孙航等，2017）。了解和认识植物区系构成，是理解生物多样性在区域间进化关系的最佳方式之一（Kreft & Jetz, 2010; Li et al., 2015, 2018）。植被由不同植物种类所组成，植物在特定的时间和空间以各种组合形式组成各种植物群落类型。了解清楚植被的类型、特点和分布，可以探讨植被的演替规律，对当地植物多样性保育和可持续利用、土地规划等提供科学依据。

翁源县位于广东省北部和韶关市东南部，因处于北江支流滃江之源而得名，南朝梁（554年）置县，是广东历史上16个最早建制县之一，因山水奇秀，物产丰饶，故古有"仙邑"之称。翁源县东靠连平，南邻新丰，西接英德、曲江，北依始兴、江西，素有"粤北南大门"之称，是"中国三华李之乡""中国九仙桃之乡""中国兰花之乡"。

青云山省级自然保护区位于粤北山区翁源县东南部，属龙仙镇青山村、青云村，东与河源市连平县接壤，南与新丰县毗邻，是由茶坑尾—雷公礤—青云山—瑶背山—茶坑尾所形成的闭合区域，据记载保护区总面积约7359 hm²。保护区大部分区域地带性森林植被保存较好，地带性植被为常绿阔叶林，区内保存有较典型、较完整的亚热带常绿阔叶林森林生态系统，植被类型多样。翁源县属中亚热带季风气候，常年平均气温为20.3℃，夏季潮湿多雨，冬季干冷少雨，具备良好的气候条件，孕育着丰富的植物种类。青云山自然保护区现有维管束植物1300余种，其中被《国家重点保护野生植物名录》（2021）收录的植物有20种，在核心保护区尚保存着较好的原生植物群落。本区的原生林和原生性较强的次生林是得天独厚、至为珍贵的亚热带自然生物宝库，有较高的物种丰富度，其中乔木层主要由樟科（Lauraceae）、壳斗科（Fagaceae）、山茶科（Theaceae）、安息香科（Styracaceae）、杜鹃花科（Ericaceae）等组成。但翁源县历史上标本采集较少，青云山自然保护区更没有进行过全面的植物多样性调查，关于青云山自然保护区植物资源和区系少有报道，且物种数据来源不清晰。这一状况一直制约着保护区物种的保护成效，以及不利于开展长期的物种检测工作。

据记载，刘心祈在翁源曾进行过两次大规模标本采集，分为两个主要的阶段，分别是1924—1930年、1932—1935年。学者们虽然对翁源进行过大规模的植物标本采集，但是由于行政区域的变更，现仍属青云山保护区范围内的标本采集仅有黄竹岔、老隆山林场两处，标本主要以常见植物为主。青云山自然保护区前期虽然有过部分植物标本采集，但采集范围小，又缺乏全面的植物调查。曾献兴（2015）曾对青云山自然保护区蕨类植物进行了初步的调查研究，谢冲林（2017）曾对青云山自然保护区的珍稀植物进行过调查研究，但调查较为宽泛，调查种类不明确，并未列出具体的植物名录，整体调查系统性不强，且植物分布等信息存在缺失，需要进一步完善。

中国科学院华南植物园物种多样性保育研究组与广东翁源青云山省级自然保护区管理处等单位合作，自2016年起对青云山自然保护区开展全面的植物物种多样性调查，并广泛采集标本，针对保护区内主要的山脉、水库、沟谷及村庄进行踏查或样线调查，涉及不同的生境、海拔和植被群落类型。除了大范围的调查外，还针对青云山（最高峰）、雷公礤（第二高峰）、跃进水电站、园洞水电站、老隆山水电站、青山口水电站、苦竹坳村、罗庚坪村等物种丰富度较高的区域进行了重点调查。累计采集有花有果标本1396号，2600余份；无花无果标本约530余号，900余份；共计1200余种。结合历史资料，共统计到维管束植物1346种（含种下单位），包含野生维管束植物1276种，隶属168科607属；入侵植物42种，隶属19科37属；栽培植物28种，隶属22科27属；药用植物586种，隶属140科385属；珍稀濒危植物77种，隶属29科53属。

相比历史资料，本次调查新发现国家重点保护野生植物：苏铁蕨（*Brainea insignis*）、闽楠（*Phoebe bournei*）、普洱茶（*Camellia sinensis* var. *assamica*）、花榈木（*Ormosia henryi*）等5种。根据历史标本信息，原记录的《濒危野生动植物种国际贸易公约》附录Ⅰ中所列的野生兰科植物共计7种，本次调查新增加24种，其中心叶带唇兰（*Tainia cordifolia*）在园洞附近发现一处种群数量较大的群落，在广东地区实属罕见。附近的苏铁蕨群落种群数量约有450株，种群数量大，分布集中，种群更新好。此次共发现园洞、青山口、苦竹坳村山沟3个珍稀濒危植物分布较为集中的地区。基于野外调查，在查阅文献、历史标本的基础上，进行植物物种多样性编目和区系分析，发现青云山植物区系地理组成复杂，主要以热带、亚热带为主，且热带、亚热带的过渡性质明显，并根据植物物种丰富度、植被类型等，提出建议将园洞、青山口等珍稀濒危植物分布较集中的地区列为优先保护区域。此外，根据濒危植物分布的范围，提出珍稀濒危植物相应的保育对策。同时，对该地区观赏、药用、食用和材用植物资源进行了重点介绍和探讨。

本书将为青云山植物区系、资源与植被的研究，当地珍稀植物、药用植物的保护，当地生态环境的保护，以及生物多样性的保护和可持续利用提供基础资料。作为参考书籍，可供植物学、林学、农学、生态学工作者和广大的植物爱好者使用。本书在编写和出版过程中，得到了广东省林业局、华南农业大学、中国林业科学研究院热带林业研究所、翁源县人民政府、翁源县财政局、翁源县林业局等有关单位和个人的支持；在此，谨向为本书的编撰和出版作出贡献的单位和个人表示衷心的感谢！在本书编写过程中力求标本鉴定准确、资料完整，但由于水平有限，不足之处还望各位专家和读者不吝批评、指正。

编者
2022年7月

目　录

第一章　自然概况

一、地质、地貌

　　青云山自然保护区位于广东省北部的翁源县，地处翁源县东南部地区，地理坐标为北纬24°14′22″～24°21′45″、东经114°07′50″～114°17′25″。保护区东部与连平县接壤，东南部与新丰县毗邻。

　　保护区是由茶坑尾—雷公礤—青云山—瑶背山—茶坑尾所围合形成的闭合地域。保护区总面积约7359.0 hm²，其中核心区约2590.4 hm²，占保护区总面积的35.2%；缓冲区约1641.0 hm²，占保护区总面积的22.3%，为环绕核心区外缘形成的闭合圈，其中南向缓冲区为青云山主山脊；实验区约3127.6 hm²，占保护区总面积的42.5%，包括东北部的苦竹坳区域、北部的瑶背山区域、西部的跃进水库区域、西南部的青云山区域。保护区功能分区图见图1-1。

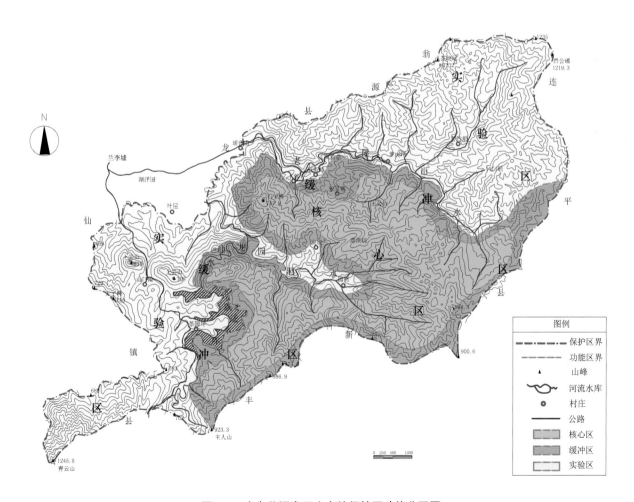

图1-1　广东翁源青云山自然保护区功能分区图

Figure 1-1　The functional zoning map of Qingyunshan Nature Reserve, Wengyuan, Guangdong

翁源地处粤北山字形构造东翼前弧（刘飒，2016）。燕山运动岩层强烈的褶皱和断裂，致使大量的酸性岩浆侵入翁源北部和南部地区。由于燕山运动的地质作用影响，翁源普遍隆起，进入了长期风化剥蚀和山间陆相盆沉积阶段。青云山自然保护区属中低山地貌，地势自东南向西北倾斜。辖区内最高峰为青云山，海拔约1245 m，青云山系广东北部—江西全南县的青云山脉中段（廖文波等，1995），青云山脉属南岭东段，为长江水系—珠江水系的分水岭山脉之一。第二高峰为保护区东部的雷公礤，海拔约1219 m。山脉间多为中小型盆地和河流阶地。

二、气候特征

翁源地处北回归线以北，属中亚热带季风气候。全年季风明显，盛行南北气流，夏季多偏南风，冬季多偏北风，春秋两季南北风相互交替。年偏北风频率为46.5%，偏南风频率为21.4%，静风为32.1%。随着风向的转变，光温水季节亦有明显变化，春季低温寡照，夏季高温多雨，秋季凉爽，冬季多霜。气候具有四季分明、冷暖交替明显，夏季长、冬季短，热量足，雨量丰富、湿度大的特点。翁源是我国有冬季降雪的最南线，保护区内高海拔区域冬季冰雪现象明显。

青云山自然保护区具有明显的季风气候和山地气候特征。本地气候受季风环流的影响显著，夏半年受东南季风的影响，盛行暖湿的海洋气团，气候十分暖湿，使保护区高海拔区浓雾弥漫，降水丰富；冬半年受东北季风影响，盛行干冷的大陆气团，气候较为干冷。保护区具有夏季多雨、湿热同期，冬季少雨且干冷同期的季风气候特征。保护区东南部高耸的山体，使得山体中上部风速较大；受地形和海拔高度影响，保护区上下气候垂直差异大，山体中部以上区域山地气候特征显著。保护区境内夏季平均气温比周边地区低2～3 ℃，温凉湿润，夏无酷暑。

据翁源县气象资料，年平均日照时数1832.7小时，年平均太阳辐射总量112.3 kcal/cm²，年总积温7434 ℃。多年平均气温为20.3 ℃，1月平均气温10.6 ℃，极端最低气温–5.1 ℃；7月平均气温28.1 ℃，极端最高气温39.2 ℃。多年平均降水量为1787.9 mm，年降水量的62.1%集中在4～7月。年平均相对湿度为81%。全年平均无霜期303天。

三、水文

1. 水系

翁源因处北江支流滃江之源而得名。滃江是北江主要支流，滃江是翁源县主要河流，发源于县内大船肚东，自东北向西南流经岩庄、江尾、龙仙、三华、官渡，在英德城附近汇入北江。

翁源县境内有九仙水、贵东水、龙仙水、周陂水、涂屋水、横石水等6条集雨区面积100 km²以上的支流，汇入滃江，其中龙仙水发育并流经青云山自然保护区。

2. 地表河流

发育于青云山自然保护区的龙仙水，在保护区有三条支流：龙仙水、园洞水、老隆山水，从东向西汇入龙仙水，在龙仙镇汇入滃江。

老隆山水：发源于保护区北部的雷公礤，处在保护区的北部区域，呈东-西向流出保护区。老隆山水全长约14 km，集水面积约46 km²。

园洞水：发源于保护区东南的园洞峰，处在保护区的中部区域，呈东-西向流出保护区。园洞水全长约12 km，集水面积约27 km²。

龙仙水：发源于新丰县长塘，龙仙水处在保护区的南部区域，保护区范围内集雨区面积约17 km²，长度约8 km，呈南-北向流出保护区。在龙仙水中部区域，修建有跃进水库。

四、土壤

青云山自然保护区成土母岩主要是砂岩、砾岩、砂页岩。保护区土壤类型较为丰富，地带性土壤为红壤，从山麓至山顶，依次垂直分布着：红壤、黄红壤、山地黄壤、山地灌丛草甸土，土壤垂直带谱较明显（黄华蓉等，2015）。土壤在高温多雨、植被覆盖良好的成土环境条件下，土壤的淋溶作用强烈，碱金属及碱土金属淋失现象严重，土壤普遍呈酸性反应，盐基饱和度普遍较低，山地土壤腐殖质层深厚、有机质含量较丰富，肥力水平较高，适宜林木生长。青云山森林土壤受人为活动干扰较小，土壤形态和土壤结构较为完整，是研究山地土壤发育和形成的理想场所。

红壤：主要分布在海拔500 m以下的低山区，是保护区人为影响较大的土壤，成土母质为砂岩和砾岩风化坡积物和堆积物。土壤呈强酸性反应，pH值为4.2～5.5。

黄红壤：是红壤与黄壤之间过渡性土壤，主要分布在海拔500～800 m区域。成土母质以砂岩风化坡积物为主，土壤呈酸性反应。森林植被保存良好，土壤肥力水平较高。

山地黄壤：主要分布在海拔800～1100 m区域。成土母质多为砂岩和砾岩风化坡积物、原积物，土壤偏酸性。山地黄壤区森林植被保存好，土壤自然性良好，土壤有机质含量丰富，腐殖层深厚，土壤肥力水平高。

山地灌丛草甸土：呈条带状分布于保护区的雷公礤—青云山海拔1100 m以上的山体顶部和主山脊线，植被多为灌丛和草被。山地灌丛草甸土层浅薄，表层土草根盘结层明显，富弹性，呈灰黑色，有机质含量高，土壤呈酸性反应。山地灌丛草甸土剖面发育不完全，土体中石砾（块）含量较多，土壤剖面多呈A—C—D或A—D结构。

其中红壤区受人为影响较多。黄红壤和山地黄壤区，人为活动较少，森林植被保存相对完好。

第二章 研究概况和研究方法

第一节 研究概况

翁源县位于韶关市的东南部，是广东省重点林区县之一。翁源最早的标本采集是1924—1930年，这阶段刘心祈曾在翁源采集1051号标本。其主要采集地为上庙山、黄竹岔、园洞、青山口、和平笔架山、磨刀坑、蓝青等。其中和平笔架山现已不是翁源县行政管辖范围。1931年，梁向日在自立桥、大镇采集植物标本69号，但大镇现为英德市管辖范围。1932—1935年，这几年间刘心祈在分水凹、青云山、和平笔架山、黄竹岔、上庙山、青山口共采集植物标本806号。1940—1985年，翁源没有再进行过大规模的植物采集，都是零星且分散的植物采集，主要为1973年青山大队在上庙山采集了少量的标本；1974年 T. C. Wu 与 A. Wang 在官渡、附城公社采集少量植物标本；1976年、1982年刘心祈在黄竹岔及翁源县城附近采集少量标本；1985年南岭队在老隆山林场进行了植物标本采集，但采集数量不多。

翁源植物标本采集较为集中的两个阶段主要为1924—1930年、1932—1935年，均为由刘心祈进行的两次大规模标本采集。采集地点主要集中在上庙山、和平笔架山、青山口。由于翁源县行政区的变更，和平笔架山已归河源市管辖，上庙山亦不在青云山保护区的范围内。学者们虽然对翁源进行过大规模的植物标本采集，但是由于行政区域的变更，现仍属青云山保护区范围内的标本采集地仅有黄竹岔、老隆山林场两处，采集标本共计749号，304种，标本主要以常见植物为主。由此可见，青云山自然保护区的植物调查及标本采集并不全面。

曾献兴（2015）曾对青云山自然保护区蕨类植物进行了初步的调查研究，谢冲林（2017）曾对青云山自然保护区的珍稀植物进行过调查研究，但是调查较为宽泛，并未列出具体的植物物种多样性编目。青云山自然保护区之前虽然有过部分植物标本采集，但是采集范围较小，缺乏较全面的植物调查、标本采集。开展全面且系统的植物本底调查，对于青云山自然保护区植物物种多样性保育和管理至关重要。

第二节 植物区系研究方法

一、调查和编目

主要采取野外实地调查与历史资料相结合的方法，进行点面结合，根据植物的物候期，在不同季节到青云山自然保护区进行标本采集和野外考察，拍摄照片，尽可能采全标本。

2016年9月至2018年1月共进行多次野外调查，调查保护区范围内各条主要山脉、沟谷及附近村落，涉及不同的植被类型、生境、海拔高度。除了大范围的调查外还针对青云山（最高峰）、雷公礤（第二高峰）、跃进水电站、园洞水电站、老隆山水电站、青山口水电站、苦竹坳村、罗庚坪村等物种丰富度较高的地区进行了重点调查。累计采集有花有果标本1396号，2600余份；无花无果标本约530余号，900余份；共计1200余种。

除野外调查之外，作者整理了华南植物园标本馆、中国数字标本馆（CVH，http://www.cvh.ac.cn/）、国家标本共享平台（NSII，http://nsii.org.cn）内的翁源县青云山自然保护区范围内的历史标本，共收集到749号。

二、植物区系分析方法

根据编写的植物名录，统计青云山保护区植物科、属、种数目，并依据中国种子植物属的分布区类型（吴征镒，1991）、世界种子植物科的分布区类型系统（吴征镒等，2003）及中国种子植物区系统计分析（李锡文，1996）中的相关理论，结合"*Flora of China* [中国植物志（英文版）]"记载的植物分布地点将保护区内植物进行科、属、种的分布区类型统计。分析保护区内植物分布特点并与邻近地区进行比较，进而探究该地区植物区系特点和性质。邻近地区植物区系比较采用相似性来衡量两者之间的关系。

石松类和蕨类植物种的分布区类型界定参考世界种子植物科的分布区类型系统（吴征镒等，2003）及中国种子植物属的分布区类型（吴征镒，1991）。物种分布数据参照《中国植物志》、"*Flora of China* [中国植物志（英文版）]"、《广东植物志》及《广东植物多样性编目》（叶华谷等，2006）。种子植物种的分布区类型划分参考吴征镒（1991）对我国种子植物属的分布区类型的划分方法及范围。

相似性系数计算公式为$S(\%) = 2C/(A+B) \times 100$。式中$A$为A地区野生种子植物总种（科、属）数（除入侵种，下同），B为B地区野生种子植物总种（科、属）数，C为两地共有植物种（科、属）数。

第三节 植被多样性研究方法

一、样地设置与实验方法

在广泛采集植物标本、摸清保护区植物分布的基本情况后，参照群落学调查方法，挑选优势种明显的典型群落设置样方。记录样方的地理位置、海拔、坡度、坡向、当地小气候、样方面积等信息。

利用"种-面积曲线"法确定群落的最小取样面积（方精云等，2009）。设置面积为$10 \, m \times 10 \, m$的样方，记录样方内所有乔木（胸径≥2 cm，高度≥2 m）的高度、胸径、数量、冠幅等数据。样方内的灌木、草本和藤本植物仅记录其种类、株数、平均高度、盖度、多度等。

根据调查所得的样方数据，计算群落乔木层中每个物种的多度、盖度、频度及重要值（杨允菲和祝延成，2001；方精云等，2009）。并分别计算群落乔木层、灌木层、草本层的α多样性指数（郭水良等，2015；马克平，1994；马克平和刘玉明，1994；汪殿蓓等，2001；方精云等，2009）。

二、数据处理

1. 重要值计算

（1）相对多度（Dr）=（某种的个体总数/同一生活型植物个体总数）×100%

（2）频度=（某个种植物出现的样地数/所调查的样地总数）×100%

（3）相对频度（Fr）=（某个种的频度/所有物种的频度之和）×100%

（4）相对盖度（Cr）=（某个种的盖度/所有物种的盖度之和）×100%

（5）相对优势度（Rd）=（某种胸高断面积/所有物种胸高断面积和）×100%

（6）重要值（IV）=[相对多度+相对盖度（相对优势度）+相对频度]/3

2. 多样性指数计算

采用物种丰富度、物种多样性指数、Simpson优势度指数、Shannon-Wienner均匀度指数等指标来反映林分中的物种多样性。

（1）物种丰富度（Species richness），即Margalef指数（E），是指群落中所含物种数目的多少。物种丰富度指数是生态学家运用最为广泛且生物学意义明显的一个指数。

$$E=(S-1)/ \ln N \qquad\qquad（公式2-1）$$

式中S为样方的植物种类总和，N为样方所有物种的个体数之和。

（2）Shannon-Wienner指数（H'），表示的是变化度指数，物种的数量越多，分布越均匀，其值就越大，反之则越小。该指数是目前应用较多的指数之一。本文所用Shannon-Wiener 指数的表达方式（Magurran，1988）如下：

$$H'=-\sum Pi \ln Pi \qquad\qquad（公式2-2）$$

式中Pi为种i的个体数占所有种个体数的比率。该指数也称为香农指数。

（3）均匀度指数，即Pielou指数（J），是指群落中各个种的多度的均匀程度，即群落中不同种的多度的分布。在本文中所采用的表达方式是基于Shannon-Wiener指数。如下：

$$J_{sw} =(-\sum Pi \ln Pi)/\ln S \qquad\qquad（公式2-3）$$

式中S为样方的植物种类总和，即丰富度指数；Pi为种i的个体数占所有种个体数的比率。

（4）物种多样性指数，即Simpson指数（D），又称优势度指数，是对物种多样性的反面（集中程度）度量。

$$D=1-\sum Pi^2 \qquad\qquad（公式2-4）$$

式中 Pi 为具体的种i的个体数占所有种的个体数的比率。

（5）生态优势度D1：

$$D1=\sum Pi^2 \qquad\qquad（公式2-5）$$

式中Pi为种i的植株数占所有种的植株数的比率。

第三章　植物区系地理分析

第一节　植物区系概况

根据2016—2018年对青云山自然保护区的野外实地调查所采集到的植物标本及历史标本的收集，共统计到维管束植物1346种（含种下单位），具体名录详见附录1（杜晓洁，2018；杜晓洁等，2020）。包含野生维管束植物1276种，隶属168科，607属（表3-1）；入侵植物42种，隶属19科，37属；栽培植物28种，隶属22科，27属。

表3-1　青云山自然保护区野生维管束植物区系组成

Table 3-1　Composition of the wild vascular plant flora in Qingyunshan Nature Reserve

分类群Taxa	科Family	属Genera	种Species
石松类和蕨类植物 Lycophytes and Ferns	23	62	132
裸子植物 Gymnosperm	3	3	4
单子叶植物 Monocotyledons	19	114	205
双子叶植物 Dicotyledons	123	428	935
合计 Total	168	607	1276

由表3-1可知，青云山省级自然保护区植物物种丰富，其中被子植物占绝对优势，贡献了该地区物种总数的89.34%；其次为石松类和蕨类植物，占该地区物种总数的10.35%；裸子植物仅占0.31%，可见裸子植物在该地区较为贫乏。

第二节　石松类和蕨类植物区系分析

一、石松类和蕨类植物科属数量特征

本文采用"*Flora of China* [中国植物志（英文版）]"（2013）和张宪春（2012）的分类系统，统计青云山自然保护区石松类和蕨类植物的科属组成及物种数目。据统计，青云山自然保护区石松类和蕨类植物共计132种（含种下单位），隶属23科，62属（表3-2）。广东地区共有石松类和蕨类植物32科，117属，566种。青云山自然保护区的石松类和蕨类植物分别占广东地区的71.88%（科），52.99%（属），23.32%（种），可见青云山自然保护区石松类和蕨类植物丰富度较高。

表3-2　青云山自然保护区石松类和蕨类植物区系科属概览

Table 3-2　The overview of families and genera of lycophytes and ferns in Qingyunshan Nature Reserve

序号 No.	科 Family	属：种 Number of genera：species	序号 No.	科 Family	属：种 Number of genera：species
1	Lycopodiaceae 石松科	3：3	13	Dennstaedtiaceae 碗蕨科	5：8
2	Selaginellaceae 卷柏科	1：6	14	Pteridaceae 凤尾蕨科	7：23
3	Equisetaceae 木贼科	1：2	15	Aspleniaceae 铁角蕨科	1：6
4	Marattiaceae 合囊蕨科	1：1	16	Thelypteridaceae 金星蕨科	8：17
5	Osmundaceae 紫萁科	1：2	17	Athyriaceae 蹄盖蕨科	4：9
6	Hymenophyllaceae 膜蕨科	1：1	18	Blechnaceae 乌毛蕨科	3：5
7	Gleicheniaceae 里白科	2：3	19	Dryopteridaceae 鳞毛蕨科	5：14
8	Lygodiaceae 海金沙科	1：3	20	Nephrolepidaceae 肾蕨科	1：1
9	Plagiogyriaceae 瘤足蕨科	1：2	21	Tectariaceae 三叉蕨科	1：2
10	Cibotiaceae 金毛狗蕨科	1：1	22	Davalliaceae 骨碎补科	2：2
11	Cyatheaceae 桫椤科	1：2	23	Polypodiaceae 水龙骨科	10：15
12	Lindsaeaceae 鳞始蕨科	2：4			

从科的组成来看，凤尾蕨科（23种）、金星蕨科（17种）、水龙骨科（15种）、鳞毛蕨科（14种）是该地区的优势科，这4科共有69种，占该地区石松类和蕨类总种数的52.27%，其次则为蹄盖蕨科和碗蕨科含有种数较多，其余的科种数较少，单种科及仅有2～3种的科较多。

从属的组成来看，5种以上的属为凤尾蕨属（*Pteris*，17种）、鳞毛蕨属（*Dryopteris*，7种）、毛蕨属（*Cyclosorus*，7种）、双盖蕨属（*Diplazium*，7种）、卷柏属（*Selaginella*，6种）。其余多以仅有1～2种的属居多，由种属系数可以看出该地区石松类和蕨类植物分化程度较高。

从进化或系统发育的角度来看，本地区有维管植物分化最早的类群，如石松科、卷柏科，也有蕨类植物中较原始的类群，如木贼科、合囊蕨科，又有较进化的类群，如三叉蕨科、骨碎补科及水龙骨科。水热气候条件是影响石松类和蕨类植物地理分布与丰富度的决定因子（严岳鸿等，2013）。这也就进一步说明该地区良好的水热条件十分有利于石松类和蕨类植物的演化与发展。

二、石松类及蕨类植物种的区系地理分析

保护区范围内共调查到石松类和蕨类植物132种，根据各个种的分布范围将其归纳为9个分布区类型（表3-3）。

世界分布的种类有2种，分别为蛇足石杉（*Huperzia serrata*）和蕨（*Pteridium aquilinum* var. *latiusculum*）。

热带成分、亚热带成分共有106种，占保护区非世界分布种类的81.54%。其中热带亚洲这一分布类型所占比重最大，共79种，占非世界分布的60.77%，如藤石松（*Lycopodiastrum casuarinoides*）、笔管草

（*Equisetum ramosissimum* subsp. *debile*）、华南紫萁（*Osmunda vachellii*）、半边旗（*Pteris semipinnata*）等均为该地区的常见种类，且大多数为热带亚洲的广布种类。泛热带分布为该成分的第二大类，共13种，占非世界分布的10.00%，如垂穗石松（*Lycopodium cernuum*）、肾蕨（*Nephrolepis cordifolia*）、齿牙毛蕨（*Cyclosorus dentatus*）等。旧世界热带分布（占非世界分布3.08%）在本地区占比较小，仅有4种，如星毛蕨（*Ampelopteris prolifera*）、乌蕨（*Odontosoria chinensis*）等。

温带成分在本地区所占比例较小，共有20种，占非世界分布种类的15.38%。其中东亚分布有19种，占主要地位，主要有江南卷柏（*Selaginella moellendorffii*）、淡绿双盖蕨（*Diplazium virescens*）、镰羽贯众（*Cyrtomium balansae*）等。

中国特有种共4种，分别为剑叶卷柏（*Selaginella xipholepis*）、福建观音座莲（*Angiopteris fokiensis*）、华南凤尾蕨（*Pteris austrosinica*）和戟叶圣蕨（*Dictyocline sagittifolia*）。

表3-3 青云山自然保护区石松类和蕨类植物种的分布区类型
Table 3-3 Distribution patterns of species of lycophytes and ferns in Qingyunshan Nature Reserve

分布区类型 Distribution patterns	种数 Number of species	所占比例（%） Percent of all species (%)
1. 世界分布 Cosmopolitan	2	-
2. 泛热带分布 Pantropic	13	10.00
3. 旧世界热带分布 Old Word Trop.	4	3.08
4. 热带亚洲至热带大洋洲分布 Trop. Asia & Trop. Australia	9	6.92
5. 热带亚洲至热带非洲分布 Trop. Asia to Trop. Afr.	1	0.77
6. 热带亚洲（印度-马来西亚）分布 Trop. Asia (Indomal.)	79	60.77
7. 北温带分布 N. Temp.	1	0.77
8. 东亚分布 E. Asia	19	14.61
9. 中国特有 Endemic to China	4	3.08
总计 Total	132	100

注：各分布类型的百分比为除去世界分布类型所得。Notes: Cosmopolitan excluded.

综上所述，热带、亚热带成分是该地区石松类和蕨类植物区系的主体，其中热带亚洲分布类型是本地区最主要的分布类型，具有重要意义。同时，泛热带分布、旧世界热带分布、热带亚洲至大洋洲分布以及热带亚洲至热带非洲分布也占据了一定比例，这就说明该地区与世界的古热带植物区系具有一定的联系。

两广地区（广东、广西）为东亚植物区系向古热带植物区系的过渡地带，东亚分布的成分不断减少，而热带成分逐渐增加（严岳鸿等，2013）。青云山自然保护区石松类和蕨类植物区系中东亚分布是仅次于热带亚洲分布的第二大类型，但和南岭相比（陈林等，2013），其东亚分布仍较少。这应该是由于该保护区的位置在韶关市的东南部，地理位置相较于南岭而言更偏南，故东亚成分较少，热带成分较多。

第三节　种子植物区系分析

一、种子植物数量特征

经调查，青云山自然保护区共有野生种子植物1144种（含种下单位，不含入侵植物），隶属145科，546属。其中裸子植物4种，隶属3科，3属；被子植物1140种，隶属142科，543属。科、属、种的数目与分类学家对于科属种概念的大小有很大关系。不同的分类系统对于科属数目的统计也有很大的不同，本研究裸子植物采用郑万钧系统（1978年），被子植物采用哈钦松分类系统。为了进一步了解青云山自然保护区的植物区系组成及在广东和中国区系中的丰富程度，作者对《广东植物多样性编目》（叶华谷等，2006）中的物种数据进行了整理，统计到广东省有被子植物共计212科，1350属，5477种。中国分布的被子植物及裸子植物的数据来自《中国植物地理》（应俊生和陈梦玲，2011）一书中的统计结果。青云山自然保护区种子植物数量组成统计，详见表3-4。

表3-4　青云山自然保护区种子植物数量组成统计

Table 3-4　The number of Spermatophyte in Qingyunshan Nature Reserve

分类群 Taxa		青云山自然保护区 Qingyunshan Nature Reserve	广东省 Guangdong	占广东省比例（%） Percent of Guangdong (%)	中国 China	占中国比例（%） Percent of China (%)
裸子植物 Gymnosperm	科 Family	3	8	37.50	10	30.00
	属 Genera	3	17	17.65	35	8.57
	种 Species	4	30	13.33	221	1.81
被子植物 Angiosperm	科 Family	142	212	66.98	257	55.25
	属 Genera	543	1350	40.22	3080	17.63
	种 Species	1140	5477	20.63	28993	3.90

注：依据《广东植物多样性编目》、《中国植物地理》。Notes: According to *Plant Diversity Inventory of Guangdong*、*Plant Geography of China.*

青云山自然保护区植物种类丰富，其中裸子植物科的数量占广东省该类科数的37.50%，占全国该类科数的30.00%；被子植物科的数量占广东省该类科数的66.98%，占全国该类科数的55.25%。裸子植物属的数量占广东省该类属数的17.65%；被子植物属的数量占广东省被子植物总属数的40.22%。科、属数量在广东省乃至全国都占据了较高的比例，说明保护区裸子植物科和属的数量相当丰富。同时也进一步说明了该地区植物区系的丰富程度以及该地区在广东植物区系中占据的重要位置。

就本保护区而言，裸子植物仅4种，占保护区种子植物总数的0.35%，所占比例较小。被子植物则占据了较高的比例，占保护区种子植物总数的99.65%，是保护区植物区系的主要组成部分。青云山自然保护区内种子植物的科属具体情况，详见表3-5。

表3-5　青云山自然保护区种子植物区系科属概览

Table 3-5　The overview of families and genera of Spermatophyte in Qingyunshan Nature Reserve

科号No.	科Family	属：种 Number of genera：species
G4	Pinaceae 松科	1：1
G5	Taxodiaceae 杉科	1：1
G11	Gnetaceae 买麻藤科	1：2
1	Magnoliaceae 木兰科	2：6
3	Schisandraceae 五味子科	2：4
8	Annonaceae 番荔枝科	4：5
11	Lauraceae 樟科	9：46
15	Ranunculaceae 毛茛科	3：9
17	Ceratophyllaceae 金鱼藻科	1：1
19	Berberidaceae 小檗科	1：1
21	Lardizabalaceae 木通科	2：5
22	Sargentodxaceae 大血藤科	1：1
23	Menispermaceae 防己科	6：8
24	Aristolochiaceae 马兜铃科	1：1
28	Piperaceae 胡椒科	1：3
29	Saururaceae 三白草科	1：1
30	Chloranthaceae 金粟兰科	2：4
33	Fumariaceae 紫堇科	1：1
39	Brassicaceae 十字花科	2：2
40	Violaceae 堇菜科	1：6
42	Polygalaceae 远志科	3：4
45	Crassulaceae 景天科	1：2
48	Droseraceae 茅膏菜科	1：1
53	Caryophyllaceae 石竹科	2：3
54	Molluginaceae 粟米草科	1：1
57	Polygonaceae 蓼科	4：13
63	Amaranthaceae 苋科	3：5
69	Oxalidaceae 酢浆草科	1：1
71	Balsaminaceae 凤仙花科	1：5
72	Lythraceae 千屈菜科	2：2

续表

科号No.	科Family	属：种 Number of genera：species
77	Onagraceae 柳叶菜科	3：4
77A	Trapaceae 菱科	1：1
81	Thymelaeaceae 瑞香科	1：3
84	Proteaceae 山龙眼科	1：2
88	Pittosporaceae 海桐花科	1：1
93	Flacourtiaceae 大风子科	2：3
94	Samydaceae 天料木科	2：2
103	Cucurbitaceae 葫芦科	7：11
104	Begoniaceae 秋海棠科	1：5
108	Theaceae 山茶科	9：31
108A	Pentaphylacacea 五列木科	1：1
112	Actinidiaceae 猕猴桃科	1：5
113	Saurauiaceae 水东哥科	1：1
118	Myrtaceae 桃金娘科	3：5
120	Melastomataceae 野牡丹科	8：14
121	Combretaceae 使君子科	1：1
123	Hypericaceae 金丝桃科	1：2
126	Guttiferae 藤黄科	1：1
128	Tiliaceae 椴树科	3：5
128A	Elaeocarpaceae 杜英科	2：8
130	Sterculiaceae 梧桐科	4：4
132	Malvaceae 锦葵科	4：7
135	Erythroxylaceae 古柯科	1：1
135A	Ixonanthaceae 粘木科	1：1
136A	Daphniphyllaceae 交让木科	1：3
136	Euphorbiaceae 大戟科	13：24
139	Escalloniaceae 鼠刺科	1：2
142	Hydrangeaceae 绣球科	3：8
143	Rosaceae 蔷薇科	13：34
146	Mimosaceae 含羞草科	3：6
147	Caesalpiniaceae 苏木科	4：7

续表

科号No.	科Family	属：种 Number of genera：species
148	Papilionaceae 蝶形花科	21：40
150	Stachyuraceae 旌节花科	1：1
151	Hamamelidaceae 金缕梅科	5：5
156	Salicaceae 杨柳科	1：1
159	Myricaceae 杨梅科	1：1
161	Betulaceae 桦木科	2：2
163	Fagaceae 壳斗科	6：32
165	Ulmaceae 榆科	4：6
167	Moraceae 桑科	5：26
169	Urticaceae 荨麻科	8：21
170	Cannabaceae 大麻科	1：1
171	Aquifoliaceae 冬青科	1：17
173	Celastraceae 卫矛科	2：6
179	Icacinaceae 茶茱萸科	1：1
182	Olacaceae 铁青树科	1：1
185	Loranthaceae 桑寄生科	5：7
189	Balanophoraceae 蛇菰科	1：1
190	Rhamnaceae 鼠李科	6：11
191	Elaeagnaceae 胡颓子科	1：1
193	Vitaceae 葡萄科	5：10
194	Rutaceae 芸香科	8：15
197	Meliaceae 楝科	1：1
198	Sapindaceae 无患子科	2：2
198B	Bretschneideraceae 伯乐树科	1：1
200	Aceraceae 槭树科	1：8
201	Sabiaceae 清风藤科	2：11
204	Staphyleaceae 省沽油科	1：1
205	Anacardiaceae 漆树科	3：5
206	Connaraceae 牛栓藤科	1：1
207	Juglandaceae 胡桃科	2：2
209	Cornaceae 山茱萸科	1：1

续表

科号No.	科Family	属：种 Number of genera：species
210	Alangiaceae 八角枫科	1：2
211	Nyssaceae 蓝果树科	1：1
212	Araliaceae 五加科	6：13
213	Apiaceae 伞形科	4：4
214	Clethraceae 桤叶树科	1：2
215	Ericaceae 杜鹃花科	3：12
216	Vacciniaceae 越桔科	1：3
221	Ebenaceae 柿树科	1：4
223	Myrsinaceae 紫金牛科	4：20
224	Styracaceae 安息香科	3：9
225	Symplocaceae 山矾科	1：16
228	Loganiaceae 马钱科	3：3
229	Oleaceae 木犀科	5：10
230	Apocynaceae 夹竹桃科	5：5
231	Asclepiadaceae 萝藦科	6：11
232	Rubiaceae 茜草科	22：49
233	Caprifoliaceae 忍冬科	3：9
235	Valerianaceae 败酱科	1：2
238	Compositae 菊科	31：50
239	Gentianaceae 龙胆科	4：5
239A	Menyanthaceae 睡菜科	1：2
240	Primulaceae 报春花科	1：3
242	Plantaginaceae 车前草科	1：2
243	Campanulaceae 桔梗科	2：3
244	Lobeliaceae 半边莲科	1：4
249	Boraginaceae 紫草科	3：4
250	Solanaceae 茄科	3：6
251	Convolvulaceae 旋花科	4：4
252	Scrophulariaceae 玄参科	10：22
253	Orobanchaceae 列当科	1：1
256	Gesneriaceae 苦苣苔科	4：4

续表

科号No.	科Family	属：种 Number of genera：species
259	Acanthaceae 爵床科	9：13
263	Verbenaceae 马鞭草科	5：17
264	Labiatae 唇形科	18：30
266	Hydrocharitaceae 水鳖科	1：1
267	Alismataceae 泽泻科	1：1
276	Potamogetonaceae 眼子菜科	1：1
280	Commelinaceae 鸭跖草科	7：11
285	Eriocaulaceae 谷精草科	1：1
287	Musaceae 芭蕉科	1：1
290	Zingiberaceae 姜科	4：11
293	Liliaceae 百合科	10：10
295	Melanthiaceae 延龄草科	1：1
296	Pontederiaceae 雨久花科	1：1
297	Smilacaceae 菝葜科	2：10
302	Araceae 天南星科	5：5
306	Amaryllidaceae 石蒜科	1：1
311	Dioscoreaceae 薯蓣科	1：7
321	Taccaceae 蒟蒻薯科	1：1
326	Orchidaceae 兰科	19：33
327	Juncaceae 灯心草科	1：2
331	Cyperaceae 莎草科	15：39
332	Gramineae 禾本科	40：66

注：科号指哈钦松系统科号。Notes: Family numbers were based on Hutchinson's classification.

二、种子植物科的区系性质分析

1. 种子植物科的数量特征分析

该地区40种以上的大科有禾本科、菊科、茜草科、樟科（表3-6）。在中国乃至世界植物区系组成中禾本科、菊科同样也占有较高的比例。该地区的禾本科中竹亚科（Bambusoideae）占据了一定的比例。菊科是种子植物中分化程度最高，含属、种数最多，并对各种环境都有极强的适应能力的最大的科（林有润，1993），其在该地的分布范围很广，属、种数量都很多，是本地区植物区系的重要组成部分，但是其并未成为建群种。

该地区含21～40种的科主要有蝶形花科、莎草科、蔷薇科、兰科等。蝶形花科及莎草科分布范围很广，为该地区林下常见种类。兰科植物在该地区种类丰富但多呈零星分布，种群数量较小。

该地区含11~20种植物的科主要有紫金牛科、马鞭草科、爵床科、野牡丹科、五加科、蓼科等。蓼科分布范围十分广泛，且多为草本。爵床科的属、种分化程度很高，这与热带、亚热带林下小生境极富变化相关（吴征镒等，2010）。

2~10种的寡种科，该地区共有73科，主要有紫草科、苦苣苔科、木通科、凤仙花科、秋海棠科、买麻藤科等，但这些科大多数并不是严格意义上的寡种科，而是该地区的寡种科。

仅含1种的单种科，该地区共计42科，主要有松科、杉科、伯乐树科、大血藤科、铁青树科、杨柳科等。该类型主要有两种情况，一种情况是这些科主要为一些寡型科（含10种以下），但是在青云山自然保护区仅产生了单科、单属、单种的情况，这并不是严格意义上的单种科。另一种情况即为单属，且多为单型，仅有少数具有二型（吴征镒等，2010），如伯乐树科就是以我国为分布中心的单种科植物。

表3-6 青云山自然保护区种子植物科的类型统计

Table 3-6　The statistics of families types of spermatophyte in Qingyunshan Nature Reserve

类型 Type	科数 Number of family	占本区总科数比例（%）Percent of total families (%)
单种科（1种）Single family	42	28.96
寡种科（2~10种）Depauperate family	73	50.34
中等科（11~20种）Medium family	15	10.34
较大科（21~40种）Great family	11	7.59
大科（40种以上）Large family	4	2.76

2. 种子植物区系的优势科及表征科分析

为了研究青云山自然保护区植物区系中的优势科及特征科，现将保护区植物区系中含10种以上的科与世界植物区系相比较（表3-7）。

表3-7 青云山自然保护区种子植物科（10种以上）在世界植物区系中所占比例

Table 3-7　The proportion of the spermatophyte families (≥10 species) in Qingyunshan Nature Reserve of the world flora

科名 Family	青云山自然保护区种数 Number of species in Qingyunshan Nature Reserve	世界区系种数 Number of species in the world flora	占世界区系的比例（%）The proportion of the world flora (%)
Gramineae 禾本科	66	9500	0.69
Compositae 菊科	50	13000	0.38
Rubiaceae 茜草科	50	10200	0.49
Lauraceae 樟科	46	3200	1.44
Papilionaceae 蝶形花科	40	12150	0.33
Cyperaceae 莎草科	39	4300	0.91

续表

科名 Family	青云山自然保护区种数 Number of species in Qingyunshan Nature Reserve	世界区系种数 Number of species in the world flora	占世界区系的比例（%） The proportion of the world flora (%)
Rosaceae 蔷薇科	37	2825	1.31
Orchidaceae 兰科	35	20000	0.18
Fagaceae 壳斗科	32	900	3.56
Theaceae 山茶科	32	700	4.57
Labiatae 唇形科	30	3500	0.86
Euphorbiaceae 大戟科	24	8100	0.30
Scrophulariaceae玄参科	22	4800	0.46
Moraceae 桑科	22	1100	2.00
Urticaceae 荨麻科	21	1000	2.10
Myrsinaceae 紫金牛科	20	2200	0.91
Verbenaceae 马鞭草科	17	3000	0.57
Aquifoliaceae 冬青科	17	400	4.25
Symplocaceae 山矾科	15	350	4.29
Rutaceae 芸香科	15	1650	0.91
Melastomataceae野牡丹科	15	4200	0.36
Acanthaceae 爵床科	13	2500	0.52
Araliaceae 五加科	13	1200	1.08
Polygonaceae 蓼科	13	1000	1.30
Ericaceae 杜鹃花科	13	1300	1.00
Zingiberaceae 姜科	11	1300	0.85
Commelinaceae鸭跖草科	11	650	1.69
Sabiaceae 清风藤科	11	155	7.10
Rhamnaceae 鼠李科	11	900	1.22
Cucurbitaceae 葫芦科	12	775	1.55
Asclepiadaceae 萝藦科	10	3000	0.33
Smilacaceae 菝葜科	10	375	2.67
Liliaceae 百合科	10	2000	0.50
Oleaceae 木犀科	10	900	1.11
Vitaceae 葡萄科	10	850	1.18

注：世界植物物种数据来自《中国植物地理》。Notes: According to *Plant Geography of China.*

禾本科和菊科在青云山自然保护区所含种数最多，是该地区的优势科，但其在世界植物区系中所占比例却很低，故其并不是该地的表征科。类似的情况还有大戟科、玄参科等。这些科大多是世界范围内广泛分布的科，在世界区系中种数较多。

根据各个科物种数占世界植物区系的比例高低进行排序，并计算百分比的平均值，可将此平均值作为一个划分该地表征科的界限。该地区各科物种数占世界植物区系的百分数平均值为1.51%。比例大于1.51%的科即为该地区的表征科。以此为依据对各科进行排序，依次为清风藤科、山茶科、山矾科、冬青科、壳斗科、菝葜科、荨麻科、桑科、鸭跖草科。其中清风藤科主要分布于亚洲、北美和南美洲的热带至暖温带地区，是一个热带至亚热带分布的科。该科植物虽然不是群落中的优势种或者建群种，但是清风藤属（*Sabia*）为广东山地常见的灌木或者木质藤本，泡花树属（*Meliosma*）在中国植被中也比较常见。壳斗科是温带、亚热带最重要的森林树种之一，也是我国常绿阔叶林的主要构成树种，在青云山自然保护区壳斗科植物多为该地森林群落乔木层的建群种。山茶科、冬青科以及山矾科则多为林下小乔木或灌木，是森林群落的重要组成部分。

3. 种子植物科的地理成分分析

根据各科的现代地理分布范围，参照吴征镒的世界种子植物科的分布区类型（吴征镒等，2003）及中国种子植物区系地理（吴征镒等，2010）。将青云山自然保护区种子植物科的145科划分为10个类型（表3-8）。

根据各科的地理分布可划分为热带性质及温带性质两大类。青云山自然保护区热带性质的科共计74科，占总科数（除去世界广布科，下同）的72.55%；温带性质的科共计28科，占总科数的27.45%。从科级水平来看，青云山自然保护区热带性质的科占据了主要地位。在南岭种子植物区系中热带成分占了69.92%，广州地区种子植物区系中热带成分占76.06%（王忠，2008），而珠海种子植物区系中热带成分则占据了78.94%（彭逸生等，2007）。就地理位置而言，南岭、青云山自然保护区、广州、珠海是一个逐渐向南的过程，且北回归线横穿广东省，而青云山自然保护区的热带成分正是介于南岭和广州之间。植物区系是一个地区所有植物的总和，地带性气候条件在很大程度上影响了一个地区的植物区系组成。

青云山自然保护区中世界广泛分布的科共计43科，如苋科、菊科、十字花科、石竹科、旋花科、莎草科、唇形科、车前草科、玄参科等。这些科在本保护区分布的种类多为草本，分布十分广泛，能够适应不同的生境，并且种子的传播能力极强。兰科植物由于种子没有胚乳，从而使得自身能够进行更远距离的传播；且附生特性的形成，使得兰科植物的生境进一步扩大，能够利用其他植物所不能利用的生境进行生长，从而出现了兰科植物在世界范围内的广泛分布。另外还有一些科主要为水生或者湿生植物，如泽泻科、金鱼藻科、水鳖科、睡菜科，主要是由于水体中环境相对稳定，故而分布较广。这一分布类型的最大特点就是完全没有木本的裸子植物，而是以草本的被子植物居多（吴征镒等，2010）。

泛热带分布类型是指广泛分布在环球热带地区的类群。该分布类型占保护区热带成分的大部分，该类型在保护区共55科，占总科数的53.93%，古柯科、蒟蒻薯科均为该类型的表征，在该地区也都有分布。保护区内属于该类型的科主要有漆树科、番荔枝科、藤黄科、大戟科、芸香科等，但是严格意义上的热带科如龙脑香科在该地并未出现。这也间接说明了该地区为热带、亚热带的过渡类型。山矾科为泛热带分布类型中的缺非洲亚型，粘木科、买麻藤科等则为泛热带分布类型中的缺澳大利亚亚型。山龙眼科是典型的以南半球为主的泛热带分布类型，吴征镒等的研究表明，山龙眼科尤其是山龙眼属（*Helicia*）是源于太平洋洋底扩张刚开始时的泛古大陆东部。

表3-8 青云山自然保护区种子植物科的分布区类型

Table 3-8 Distribution patterns of the families of spermatophyte in Qingyunshan Nature Reserve

分布区类型 Distribution patterns	科数 Number of families	所占比例（%） Percent of all families (%)
1. 世界分布 Cosmopolitan	43	—
2. 泛热带分布 Pantropic	55	53.92
3. 热带亚洲和热带美洲间断分布 Trop. Asia & Trop. Amer. disjuncted	10	9.80
4. 旧世界热带分布 Old World Trop.	3	2.94
5. 热带亚洲至热带大洋洲分布 Trop. Asia to Trop. Australia	2	1.96
6. 热带亚洲（印度-马来西亚）分布 Trop. Asia (Indomal.)	4	3.92
热带成分合计 Subtotal tropical elements (2～6)	74	72.55
7. 北温带分布 N. Temp.	20	19.61
8. 东亚和北美间断分布 E. Asia & N. Amer. disjuncted	5	4.90
9. 旧世界温带分布 Old World Temp.	1	0.98
10. 东亚分布（东喜马拉雅-日本）E. Asia	2	1.96
温带成分合计 Subtotal temperate elements (7～10)	28	27.45
合计 Total	145	100

注：各分布类型的百分比为除去世界广布科所得。Notes: Cosmopolitan excluded.

  热带亚洲和热带美洲间断分布是一类相对古老的洲际间断分布。保护区共有10科属于该类型，如木通科、杜英科、冬青科、省沽油科、桤叶树科、安息香科等。安息香科在南亚热带常绿林中经常出现，其各属均为典型的亚热带植物区系成分。廖文波和张宏达（1994）分析，南岭极有可能是安息香科的现代分布中心之一。

  旧世界热带分布类型在保护区仅有3科，分别为海桐花科、八角枫科及芭蕉科。

  热带亚洲至大洋洲分布类型在保护区共2科，分别为交让木科与姜科。根据吴征镒等的分析，交让木科是西太平洋至印度洋的海底扩张过程中形成的。

热带亚洲分布类型在该地区的主要分布科有伯乐树科、大血藤科等。

温带分布成分中，以北温带分布居多。松科、桦木科、壳斗科、槭树科等均属于北温带分布。壳斗科多为保护区内森林植被的主要建群树种。槭树科植物在保护区范围内同样十分常见。东亚及北美间断分布主要有：木兰科、五味子科、蓝果树科等。木兰科在华西南至华南的亚热带常绿林中常常成为优势种和特征种（廖文波等，1994）。旧世界温带分布在该地区仅菱科一科。东亚分布主要有猕猴桃科及旌节花科两科。

第四节　种子植物属的区系成分分析

一、种子植物属的数量特征分析

青云山自然保护区种子植物共计546属，现将其按每属所含种数的多少进行分类，具体见表3-9。

表3-9　青云山自然保护区种子植物属的类型统计

Table 3-9　The statistics of genera types of spermatophyte in Qingyunshan Nature Reserve

类型 Type	属数 Number of genera	占本区总属数比例（%） Percent of total genera (%)
单种属（1种）Single genera	324	59.34
寡种属（2～5种）Depauperate genera	187	34.25
中等属（6～10种）Medium genera	27	4.95
大属（10种以上）Large genera	8	1.47

由表3-9的统计结果可知，青云山自然保护区的单种属共计324属，占总属数的59.34%，其中一些属为中国特有属比如伞花木属（*Eurycorymbus*）、半枫荷属（*Semiliquidambar*）等，还有一些为东亚特有属如旌节花属（*Stachyurus*）等，这充分显示了青云山植物区系的特殊性和古老性。含2～5种的寡种属有187属，占总属数的34.25%，共计508种，可见这一类型的属占有很大的优势。含6～10种的属共计27属，占总属数的4.95%，这部分属中很多是当地植被的优势种，比如木姜子属（*Litsea*）、杜鹃属（*Rhododendron*）、山茶属（*Camellia*）等。含10种以上的属共计8属，最大的属为桑属（*Morus*）有18种，其次为冬青属（*Ilex*）17种以及山矾属（*Symplocos*）16种，这些属均为林下灌木以及小乔木的重要组成部分。

二、种子植物属的地理成分分析

现根据吴征镒对中国种子植物属的分布类型划分方法（吴征镒，1991），将青云山自然保护区546属划分为14个分布类型（表3-10）。

从属的地理成分来看，青云山自然保护区热带性质的属共计361属，占所统计属（不包括世界分布属，下同）的71.06%。温带性质的属共计139属，占所统计属的27.36%。

世界分布属并不是严格意义上全球分布而是一种广布属，一般来说它们具有较广的生态幅。青云山自然保护区植物区系中世界分布类型的属共计38属。其中，金鱼藻属（*Ceratophyllum*）、荸荠属（*Eleocharis*）、灯心草属（*Juncus*）、荇菜属（*Nymphoides*）、眼子菜属（*Potamogeton*）、慈姑属（*Sagittaria*）主要为水生或者沼生植物。鬼针草属（*Bidens*）、碎米荠属（*Cardamine*）、酢浆草属（*Oxalis*）、车前属（*Plantago*）等，多为一些广泛分布的杂草，很大程度上是人畜携带的结果。而铁线莲属（*Clematis*）、茅膏菜属（*Drosera*）、羊耳蒜属（*Liparis*）、悬钩子属（*Rubus*）、黄芩属（*Scutellaria*）、茄属（*Solanum*）和水苏属（*Stachys*），则是从泛温带或南北温带进一步适应热带高山或两级的严酷气候而形成广布的。

泛热带分布类型是青云山自然保护区植物区系热带成分中占比最高的类型，共有129属，占所统计属的25.39%。其中紫金牛属（*Ardisia*）、紫珠属（*Callicarpa*）、大青属（*Clerodendrum*）、榕属（*Ficus*）、冬青属、桂樱属（*Laurocerasus*）、山矾属，是保护区内常绿阔叶林中常见的灌木或小乔木。鸡血藤属（*Callerya*）、薯蓣属（*Dioscorea*）、买麻藤属（*Gnetum*）、菝葜属（*Smilax*）等，以层间植物居多，主要是木质藤本或者攀援灌木。山菅属（*Dianella*）、凤仙花属（*Impatiens*）、母草属（*Lindernia*）、冷水花属（*Pilea*）等多为林下草本层的主要组成植物，青云山自然保护区内凤仙花属植物多分布在潮湿的沟谷中。而菊科中的金钮扣属（*Acmella*）、青葙属（*Celosia*）、地胆草属（*Elephantopus*）、白酒草属（*Conyza*）等，则多分布在路旁。

表3-10 青云山自然保护区种子植物属的分布区类型

Table 3-10 Distribution patterns of the genera of spermatophyte in Qingyunshan Nature Reserve

分布区类型 Distribution patterns	属数 Number of genera	所占比例（%） Percent of all genera (%)
1. 世界分布 Cosmopolitan	38	—
2. 泛热带分布 Pantropic	129	25.39
3. 热带亚洲和热带美洲间断分布 Trop. Asia & Trop. Amer. disjuncted	17	3.35
4. 旧世界热带分布 Old World Trop.	53	10.43
5. 热带亚洲至热带大洋洲分布 Trop. Asia to Trop. Australia	55	10.83
6. 热带亚洲至热带非洲分布 Trop. Asia to Trop. Africa	19	3.74
7. 热带亚洲（印度-马来西亚）分布 Trop. Asia (Indomal.)	88	17.32
热带成分合计 Subtotal tropical elements (2～7)	361	71.06
8. 北温带分布 N. Temp.	50	9.84

续表

分布区类型 Distribution patterns	属数 Number of genera	所占比例（%） Percent of all genera (%)
9. 东亚和北美间断分布 E. Asia & N. Amer. disjuncted	28	5.51
10. 旧世界温带分布 Old World Temp.	22	4.33
11. 温带亚洲分布 Temp. Asia	3	0.59
12. 地中海、西至中亚分布 Medit. , W. Asia to C. Asia	2	0.39
13. 东亚分布（东喜马拉雅-日本）E. Asia	34	6.69
14. 中国特有分布 Endemic to China	8	1.58
温带成分合计 Subtotal temperate elements (8~13)	139	27.36
合计 Total	546	100

注：各分布类型的百分比为除去世界广布属所得。Notes: Cosmopolitan excluded.

热带亚洲至热带美洲间断分布类型共计17属，其中樟属（*Cinnamomum*）、柃属（*Eurya*）、安息香属（*Styrax*）是森林群落中常见的乔木及灌木种类，并且樟科为该地区的表征科，在该地区的常绿阔叶林中占有举足轻重的地位。安息香属是安息香科中最原始的属，其在保护区内共有7种，分布范围较广，较为丰富。本类型中还出现了许多较为原始的木本科、属，如桤叶树科的桤叶树属（*Clethra*）、水东哥科的水东哥属（*Saurauia*）、铁青树科的青皮木属（*Schoepfia*）、省沽油科的山香圆属（*Turpinia*）。

旧世界热带分布类型在保护区内共出现53属，占所统计属的10.43%。如酸藤子属（*Embelia*）、杜茎山属（*Maesa*）、海桐花属（*Pittosporum*）为林下常见灌木。紫玉盘属（*Uvaria*）是较原始的层间植物。

热带亚洲至热带大洋洲分布在青云山自然保护区植物区系中有55属，占所统计的10.83%，与旧世界热带分布类型所占比例大致相当。该地区兰科一共18属，其中10属都集中出现在了这一分布类型中，如开唇兰属（*Anoectochilus*）、拟兰属（*Apostasia*）、隔距兰属（*Cleisostoma*）、兰属（*Cymbidium*）、石斛属（*Dendrobium*）、天麻属（*Gastrodia*）等。瓜馥木属（*Fissistigma*）是林下常见藤本，在保护区范围内分布较多。杜英属（*Elaeocarpus*）在乔木层中起重要作用。

热带亚洲至热带非洲分布类型有19种，占非世界分布属的3.74%，所占比例很小。该类型中主要有穿鞘花属（*Amischotolype*）、十万错属（*Asystasia*）、香茶菜属（*Isodon*）、叉序草属（*Isoglossa*）等。

热带亚洲分布有88属，占非世界分布属的17.32%，是热带成分中的第二大类。其中柏拉木属（*Blastus*）、山茶属、润楠属（*Machilus*）、木莲属（*Manglietia*）、含笑属（*Michelia*）、木荷属（*Schima*）等都是森林群落中重要的组成部分。藤本植物则以轮环藤属（*Cyclea*）、飞蛾藤属（*Dinetus*）、鸡矢藤属（*Paederia*）、细圆藤属（*Pericampylus*）为主。这一分布类型中专性热带属并不突出，其生活型主要以藤本、林下附生或腐生为主，从侧面反映了其对热带林的生态适应，并且这些属多隶属系统上较为高级的科（廖文波等，1994）。

北温带分布有50属，占所统计属的9.84%，是温带分布成分中占比最高的分布类型。其中，槭属（*Acer*）、杜鹃属（*Rhododendron*）在本地区森林群落中较为常见，并且一些群落中杜鹃属植物还与樟科、壳斗科一起参与群落共建。蔷薇属（*Rosa*）、荚蒾属（*Viburnum*）是林下常见灌木。

东亚和北美间断分布共有28属，占所统计属的5.51%。其中柯属（*Lithocarpus*）、锥属（*Castanopsis*）是乔木层的优势种。楤木属（*Aralia*）、勾儿茶属（*Berchemia*）、鼠刺属（*Itea*）也都为林下常见种类。

旧世界温带分布共有22属，占所统计属的4.33%。该分布类型中以草本居多，其中筋骨草属（*Ajuga*）、耳菊属（*Nabalus*）、败酱属（*Patrinia*）为林下常见草本。

温带亚洲分布共有3属，所占比例极小。分别为枫杨属（*Pterocarya*）、虎杖属（*Reynoutria*）及黄鹌菜属（*Youngia*）。

地中海、西至中亚分布共计2属，分别为常春藤属（*Hedera*）、木犀榄属（*Olea*）。

东亚分布共有34属，占所统计属的6.69%，是温带成分中继北温带分布的第二大类型，在温带成分中占有重要地位。其中东亚特有属共14个，主要有猕猴桃属（*Actinidia*）、斑种草属（*Bothriospermum*）、吊钟花属（*Enkianthus*）、双蝴蝶属（*Tripterospermum*）、茵芋属（*Skimmia*）等。其中吊钟花属植物为该地亚热带常绿阔叶山顶矮林的优势种。中国－日本变型在本地区共有8属，如山涧草属（*Chikusichloa*）、山桐子属（*Idesia*）、野木瓜属（*Stauntonia*）等。其中野木瓜属为该地亚热带常绿阔叶林中常见的层间植物。中国－喜马拉雅变型在该地共有2属，即冠盖藤属（*Pileostegia*）、马蓝属（*Strobilanthes*）。由此可见，东亚分布在该地区植物区系中的位置比较重要。

中国特有分布在该地区共有8属。分别为大苞姜属（*Caulokaempferia*）、杉木属（*Cunninghamia*）、双片苣苔属（*Didymostigma*）、伞花木属、箬竹属（*Indocalamus*）、紫菊属（*Notoseris*）、核果茶属（*Pyrenaria*）与半枫荷属。其中裸子植物仅杉木属1属，杉木（*Cunninghamia lanceolata*）在该地多为栽培的材用林，野生的杉木较少，呈零星分布。被子植物的特有性方面，山茶科是我国南部亚热带森林的常见种，有着重要的地位，其中核果茶属为亦为华南特有属（吴征镒等，2010）。

由以上分析可知，青云山自然保护区植物区系地理成分在属一级的水平上组成复杂多样。主要是以热带为主，但是又没有出现严格的热带性质的科、属，且其中一些热带成分的属的分布范围可延伸至温带地区，可见其热带、亚热带的过渡性质明显。这也与其所处地理位置相符合。

三、种子植物种的区系性质分析

参考吴征镒（1991）对我国种子植物属的分布区类型的划分方法及范围，将本地区1144种（含种下单位）野生种子植物（不含入侵植物）划分为11个类型（表3-11），其中将中国特有分布又细分为9个亚型（表3-12）。

青云山自然保护区世界分布类型共计32种，主要为金鱼藻（*Ceratophyllum demersum*）、芦竹（*Arundo donax*）、龙爪茅（*Dactyloctenium aegyptium*）、簇生泉卷耳（*Cerastium fontanum* subsp. *vulgare*）等草本或水生植物。

热带成分在该地区占主要地位，共计734种，占总种数（除世界分布，下同）的66.02%。其中热带亚洲分布种类最多，共600种，占总种数的53.96%，在各个分布区类型中占绝对优势。这也与青云山自然保护区的地理位置与气候类型相对应。

泛热带分布在本地区共41种，占总种数的3.69%。如地胆草（*Elephantopus scaber*）、一点红（*Emilia sonchifolia*）、牛筋草（*Eleusine indica*）等，多以广泛分布在热带及亚热带地区的草本为主。

热带亚洲与热带美洲间断分布类型在该地区仅叶下珠（*Phyllanthus urinaria*）1种，占总种数的0.09%。说明在种的水平上，该地区与热带美洲联系较少。

旧世界热带分布类型在本地区共计24种，占该地区总种数的2.16%。主要是以长勾刺蒴麻（*Triumfetta pilosa*）、假地豆（*Desmodium heterocarpon*）、篱栏网（*Merremia hederacea*）、囊颖草（*Sacciolepis indica*）、狗尾草（*Setaria viridis*）等为主。本分布类型中，以禾本科植物居多。

表3-11   青云山自然保护区种子植物种的分布区类型

Table 3-11   Distribution patterns of the species of spermatophyte in Qingyunshan Nature Reserve

分布区类型 Distribution patterns	种数 Number of species	所占比例（%） Percent of all species (%)
1. 世界分布 Cosmopolitan	32	—
2. 泛热带分布 Pantropic	41	3.69
3. 热带亚洲和热带美洲间断分布 Trop. Asia & Trop. Amer. disjuncted	1	0.09
4. 旧世界热带分布 Old World Trop.	24	2.16
5. 热带亚洲至热带大洋洲分布 Trop. Asia to Trop. Australia	46	4.14
6. 热带亚洲至热带非洲分布 Trop. Asia to Trop. Africa	22	1.98
7. 热带亚洲（印度-马来西亚）分布 Trop. Asia (Indomal.)	600	53.96
8. 北温带分布 N. Temp.	7	0.63
9. 温带亚洲分布 Temp. Asia	1	0.09
10. 东亚分布（东喜马拉雅-日本）E. Asia	83	7.46
11. 中国特有分布 Endemic to China	287	25.81
合计 Total	1144	100

注：各分布类型的百分比为除去世界广布种所得。Notes: Cosmopolitan excluded.

热带亚洲至热带大洋洲分布共计46种，占总种数的4.14%，是热带成分中除热带亚洲分布以外的第二大类。该类型中的种类主要分布在东南亚、太平洋岛屿、澳大利亚北部等地区。其中下田菊（*Adenostemma lavenia*）、刺齿泥花草（*Lindernia ciliata*）、刺芒野古草（*Arundinella setosa*）、柳叶箬（*Isachne globosa*）等为草本层中常见种类。其他灌木或小乔木主要有土蜜树（*Bridelia tomentosa*）、白楸（*Mallotus paniculatus*）、粗糠柴（*Mallotus philippensis*）等。

热带亚洲至热带非洲分布类型在本地区共计22种，占本地区总种数的1.98%。其中蔓生莠竹（*Microstegium fasciculatum*）、短叶黍（*Panicum brevifolium*）等为该地区常见草本植物。

热带亚洲成分在该地区共计600种，在该地区种水平的植物区系中占重要地位。其中华润楠（*Machilus chinensis*）、木荷（*Schima superba*）、青冈（*Cyclobalanopsis glauca*）、毛棉杜鹃（*Rhododendron moulmainense*）等为该地区亚热带常绿阔叶林中的重要组成部分，乃至为建群种或优势种。该分布类型中主要以华南-东南亚分布居多，如紫金牛科的九节龙（*Ardisia pusilla*）、罗伞树（*A. quinquegona*）、酸藤子（*Embelia laeta*）等，九节龙为林下常见草本种类。在科和属的分布区类型中一般是以泛热带类型为热带成分的主要分布类型，但是种的分布区类型中是以热带亚洲为主要分布类型，更能反映该地区热带和亚热带的过渡性质。种的分布区类型相对属水平来说更为贴切，且更能真实地反映一个地区的物种分布情况与气候、地理位置的关系。

温带成分中，温带亚洲分布在本地区共计7种，占总种数的0.63%，主要是石龙芮（*Ranunculus sceleratus*）等草本为主。温带亚洲分布仅柔弱斑种草（*Bothriospermum zeylanicum*）1种，占总种数的0.09%。东亚分布在该地区共计83种，占总种数的7.46%，在温带成分中占有重要位置，主要有枫杨（*Pterocarya stenoptera*）、风轮菜（*Clinopodium chinense*）、交让木（*Daphniphyllum macropodum*）、山姜（*Alpinia japonica*）、鼠尾草（*Salvia japonica*）等。

中国特有分布在本地区共有287种，占总种数的25.81%。是该地区植物区系中重要的组成成分。为了更好地分析该类型的成分，将其分为9个亚型。其中长江以南流域广泛分布的种类共计54种，占中国特有分布的18.82%，该类型中的米槠（*Castanopsis carlesii*）、栲（*C. fargesii*）是该地区群落乔木层主要的建群种和优势种。

华南-华东分布类型的种数最多，共计76种，其中樟科植物在该类型中占有重要比重，如华南木姜子（*Litsea greenmaniana*）、浙江润楠（*Machilus chekiangensis*）、鸭公树（*Neolitsea chui*）等，其中一些种类也可分布到云南的西南部。

华南-华东-华中分布中，有一部分种类是集中在湖南-江西-广东-广西的交界位置即广义南岭的位置。这与该地位是南岭山脉的一部分密切相关。少花柏拉木（*Blastus pauciflorus*）就是在南岭山脉沿线分布较为密集。岭南杜鹃（*Rhododendron mariae*）、软荚红豆（*Ormosia semicastrata*）等则是以华南分布为主，在华东地区呈零星分布。

华南-西南-华东分布类型中，西南部分主要集中在贵州、云南东南部、四川，多该类型中主要有异药花（*Fordiophyton faberi*）、锐尖山香圆（*Turpinia arguta*）、黄花倒水莲（*Polygala fallax*）等，其中一些种类可以分布到湖南南部。黄毛楤木（*Aralia chinensis*）、多脉榆（*Ulmus castaneifolia*）的分布地则集中在南岭以北。

华南分布共计42种，少量种类可以分布到广东与湖南的交界地带，其中仅在广东、广西地区有分布的主要有华南锥（*Castanopsis concinna*）、光萼紫金牛（*Ardisia omissa*）、黄花大苞姜（*Caulokaempferia coenobialis*）、心檐南星（*Arisaema cordatum*）等。广东特有分布在该地区有10种，包括最近发现的一新种青云山天麻（*Gastrodia qingyunshanensis*），其中广东美脉花楸（*Sorbus caloneura* var. *kwangtungensis*）仅在雷公礤山顶有分布。

表3-12　青云山自然保护区中国特有种的分布区类型

Table 3-12　Distribution patterns of the species endemic to China of spermatophyte in Qingyunshan Nature Reserve

分布区类型 Distribution patterns	种数 Number of species	所占比例（%） Percent of all endemic species (%)
1. 长江流域以南分布 The area south of the Yangtze River	54	18.82

续表

分布区类型 Distribution patterns	种数 Number of species	所占比例（%） Percent of all endemic species (%)
2. 华南特有 Endemic to Southern China	42	14.63
3. 广东特有 Endemic to Guangdong	10	3.48
4. 华南-华东分布 Southern China-East China	76	26.48
5. 华南-华中分布 Southern China-Central China	14	4.88
6. 华南-西南分布 Southern China-Southwest China	23	8.01
7. 华南-华东-华中分布 Southern China-East China-Central China	33	11.50
8. 华南-西南-华东分布 Southern China-Southwest China-East China	24	8.36
9. 华南-西南-华中分布 Southern China-Southwest China-Central China	11	3.83
	287	100

综上所述，该地区在种一级水平上植物区系地理组成复杂，热带成分尤其是热带亚洲成分占据了主要位置，但是并没有典型的热带种类出现，且温带成分较少。这与该地地处南亚热带与中亚热带的过渡位置相吻合，也与该地的气候类型相一致。且由中国特有分布可以看出该地与湖南南部、广西东北部、江西西南部等的联系较为紧密，这与该地地处南岭山脉密切相关，同时也说明了该地植物区系组成成分的古老性。

第五节　与邻近地区植物区系的比较分析

对两个地区植物区系进行比较分析时，通常采用科、属、种相似性系数来衡量二者的相似程度。根据青云山自然保护区的地理位置和气候条件，选取了海南尖峰岭（符国瑗和洪小江，2008；黄世能等，2000；邢福武等，2012）、广西花坪（高海山，2007）、广东中部的南昆山（陈红锋等，2017）和广东东部的八乡山（王永淇，2017）4个植物区系进行比较分析（表3-13）。

表3-13　青云山自然保护区种子植物区系与邻近地区的相似性系数分析

Table 3-13　The floristic similarity coeffients of Qingyunshan Nature Reserve with neighboring regions

地区 Areas	地理位置 Location	科/属/种数 Families/genera/species	相似性系数（科/属/种）% Similarity coefficient (Families/genera/species) %
青云山	北纬24°14′~24°21′ 东经114°07′~114°17′	145/546/1144	—

续表

地区 Areas	地理位置 Location	科/属/种数 Families/genera/species	相似性系数（科/属/种）% Similarity coefficient (Families/genera/species) %
尖峰岭	北纬18°23′～18°44′ 东经108°44′～109°02′	184/898/2089	77.81/48.89/21.53
花坪	北纬25°31′～25°39′ 东经109°48′～109°58′	163/590/1285	85.71/60.92/34.83
南昆山	北纬23°37′～23°40′ 东经113°48′～113°51′	164/685/1671	82.20/70.02/56.34
八乡山	北纬23°8′ 东经115°5′	136/476/875	81.14/69.08/48.34

从科相似性系数来说，4个地区与青云山之间联系均较为密切，这是因为青云山及这4个地区均属于华南植物区系，五者之间具有较强的整体性。但是相对而言，四者中海南尖峰岭植物区系与青云山植物区系有一定的差异。

从属的相似性系数来看，南昆山植物区系和八乡山植物区系与青云山植物区系联系最为紧密，其属相似性系数分别为70.02%和69.08%。青云山与尖峰岭植物区系的属相似性系数最低，仅48.89%。

由于科、属的概念较为广泛，故种的相似系数对于植物区系间相关程度具有更重要的参考价值（张镱锂，1998）。就种的相似性系数而言，南昆山植物区系与青云山植物联系最为紧密，两者种相似性系数为56.34%。尖峰岭与青云山有较大差异，种相似性系数系数仅为21.53%。

结合地理条件及气候因素可知，尖峰岭位于海南岛的西南部，属热带季风气候，是典型的热带植物区系（符国瑗和洪小江，2008）。其植物区系中具有许多典型的热带科、属，如龙脑香科等，这正是青云山植物区系中所没有的。但是由于尖峰岭属于热带植物区系的北缘，其中仍有一小部分亚热带及温带成分侵入，这就使得二者在科级水平上联系较为紧密，而种水平上差异较大。花坪位于广西东北部，属于亚热带季风气候，是典型的中亚热带常绿阔叶林（高海山，2007）。与青云山植物区系相比，其温带成分稍多，这与其地理位置更靠北密不可分。两者科相似性系数高达85.71%，但种相似性系数仅为34.83%。这在一定程度上显示出了华南植物区系的统一性。南昆山位于广东省的中南部，具有典型的南亚热带植物区系的特点（陈红锋等，2017）。八乡山位于广东省的东部，属于亚热带季风气候，但是由于其南临热带海洋，故带有一些亚热带海洋气候的特点（王永淇，2017）。从科、属相似性系数而言，南昆山和八乡山与青云山的联系较为密切，主要是三者均属亚热带季风气候，地理位置较为接近。但从种的相似性系数来看，八乡山（48.34%）与青云山仍有一定的差异，这是由于八乡山地处粤东地区，且受亚热带海洋气候的影响，造成了两地物种分布具有一定差异。相比而言，南昆山与青云山两地植物区系最为接近。从群落优势种组成来看，两地都是以樟科和壳斗科为森林群落的主要优势种。由于受南岭地形及南亚热带季风的影响，南昆山南亚热带植物区系的特点更为明显，青云山则是南亚热带和中亚热带的过渡类型。

由此可见，华南植物区系具有较强的一致性，但是由于地形及气候的差异，青云山与其他4个地区物种组成又略有不同。其中与南昆山联系较为紧密，八乡山次之，与花坪和尖峰岭差异较大，其中与尖峰岭差异最大，这主要是因为尖峰岭植物区系具有强烈的热带性质，而青云山植物区系则是热带、亚热带的过渡类型。

第四章　植被类型与群落

第一节　主要植被类型

青云山自然保护区属于中亚热带季风气候。植被与气候两者之间是一种相互影响的过程，植被的结构、外貌乃至群落的演替过程都与气候条件密切相关。植物区系是植被组成的基础，根据前面对于青云山自然保护区植物区系地理成分的分析，可知该地区以热带成分为主，但是又并没有出现典型的热带科、属，可见其属于热带向亚热带过渡的类型。南岭是中亚热带常绿阔叶林和南亚热带常绿阔叶林的分界线，而青云山位于南岭东段，稍偏南的地带，仍为中亚热带与南亚热带的过渡类型。

在全面踏查的基础上，选取典型群落进行群落调查，并根据《中国植被》（1980）以及周远瑞（1963）对广东省植被类型的划分，现将青云山自然保护区植被类型划分为以下6类加以详述。

一、亚热带常绿阔叶林

亚热带常绿阔叶林是青云山自然保护区最为常见且发育最好的植被类型。主要分布在雷公礤、青云山、园洞等海拔在1100 m以下的低山丘陵地带。乔木层常见种类主要为壳斗科、樟科、山茶科等，其中米槠、栲、青冈、显脉新木姜子（*Neolitsea phanerophlebia*）、木荷等为主要优势种。灌木层常见种类主要为冬青科、紫金牛科、杜鹃花科、山茶科、山矾科及部分乔木层种类的幼苗。藤本植物则以瓜馥木属、菝葜属、买麻藤属等为主。草本层多以蕨类植物为主，尤以乌毛蕨（*Blechnum orientale*）、狗脊（*Woodwardia japonica*）等居多。

1. 米槠+栲群落（Comm. *Castanopsis carlesii* + *C. fargesii*）

该群落分布于保护区基站一带，海拔为510～630 m，坡向为东南方向。整个乔木平均高度在10 m，最高的为18 m，最大的胸径有50 cm。根据树高，乔木层大致可分为两个亚层。第一个亚层，即树高为10～18 m，经统计该亚层中植物物种数为10种，其中以米槠和栲居多。第二个亚层，即为树高为2.8～9 m，共有植物60种，占乔木层植物种类的85.71%。该群落灌木层的植物共计114种，其中很大一部分为乔木层种类的幼苗及幼树，其主要灌木种类中山血丹（*Ardisia lindleyana*）数量最多，鲫鱼胆（*Maesa perlaria*）及少花柏拉木的数量也较多。从群落中物种分布情况来看，壳斗科和樟科占据了主要地位，而这两科是南亚热带森林植被的代表科。

由乔木层重要值的分析可知（表4-1），重要值在1%以上的共有20种，其中重要值最大的为米槠（28.73%），在乔木群落中占有绝对的优势，为该群落的优势种。其次为栲和木荷重要值依次为7.07%、6.52%，在群落中同样占有优势地位。

表4-1　米槠+栲群落乔木层主要物种特征值（重要值≥1%）

Table 4-1　The character of the main trees (IV ≥ 1%) of arbor layer in the community of *Castanopsis carlesii* + *C. fargesii*

植物名 Species	相对多度 RA（%）	相对显著度 RD（%）	相对频度 RF（%）	重要值 IV（%）
米槠 *Castanopsis carlesii*	16.05	64.56	5.58	28.73

植物名 Species	相对多度 RA（%）	相对显著度 RD（%）	相对频度 RF（%）	重要值 IV（%）
栲 *Castanopsis fargesii*	6.27	10.55	4.38	7.07
木荷 *Schima superba*	9.59	4.38	5.58	6.52
毛棉杜鹃 *Rhododendron moulmainense*	6.27	1.02	4.78	4.02
罗浮柿 *Diospyros morrisiana*	5.90	0.65	4.78	3.78
华润楠 *Machilus chinensis*	4.43	1.10	4.78	3.44
枫香树 *Liquidambar formosana*	2.95	3.40	2.79	3.05
罗浮锥 *Castanopsis fabri*	2.95	2.91	3.19	3.02
鼠刺 *Itea chinensis*	4.24	0.31	3.98	2.85
鹿角锥 *Castanopsis lamontii*	2.03	3.61	2.79	2.81
细齿叶柃 *Eurya nitida*	2.58	0.16	3.19	1.98
交让木 *Daphniphyllum macropodum*	2.21	0.82	2.79	1.94
鸭公树 *Neolitsea chui*	1.66	0.23	3.19	1.69
茜树 *Aidia cochinchinensis*	2.03	0.07	2.39	1.50
密花山矾 *Symplocos congesta*	1.66	0.49	1.99	1.38
密花树 *Myrsine seguinii*	1.48	0.07	2.39	1.31
广东木姜子 *Litsea kwangtungensis*	1.29	0.18	2.39	1.29
杨桐 *Adinandra millettii*	1.48	0.07	1.99	1.18
黄樟 *Cinnamomum parthenoxylon*	1.11	0.25	1.99	1.12
栎子青冈 *Cyclobalanopsis blakei*	1.29	0.52	1.20	1.00

2. 显脉新木姜子+毛棉杜鹃+鸭公树群落（Comm. *Neolitsea phanerophlebia* + *Rhododendron moulmainense* + *Neolitsea chui*）

该群落分布在雷公礤山脚，海拔在688～779 m，坡向为北。该群落乔木层重要值分析见表4-2。

表4-2　显脉新木姜子+毛棉杜鹃+鸭公树群落乔木层主要物种特征值（重要值≥1%）

Table 4-2　The character of the main trees (IV≥1%) of arbor layer in the community of *Neolitsea phanerophlebia*+ *Rhododendron moulmainense* + *Neolitsea chui*

植物名 Species	相对多度 RA（%）	相对显著度 RD（%）	相对频度 RF（%）	重要值 IV（%）
显脉新木姜子 *Neolitsea phanerophlebia*	20.08	31.98	5.98	19.35

植物名 Species	相对多度 RA（%）	相对显著度 RD（%）	相对频度 RF（%）	重要值 IV（%）
毛棉杜鹃 Rhododendron moulmainense	14.25	5.08	5.98	8.44
鸭公树 Neolitsea chui	10.49	8.18	5.56	8.07
华润楠 Machilus chinensis	6.22	8.12	5.56	6.63
赤杨叶 Alniphyllum fortunei	5.18	8.77	5.13	6.36
木荷 Schima superba	7.64	4.12	5.13	5.63
浙江润楠 Machilus chekiangensis	3.89	5.23	3.42	4.18
罗浮柿 Diospyros morrisiana	4.15	1.27	5.13	3.52
两广杨桐 Adinandra glischroloma	4.15	0.55	3.85	2.85
南酸枣 Choerospondias axillaris	0.26	6.44	0.85	2.52
腺叶桂樱 Laurocerasus phaeosticta	1.30	1.88	3.85	2.34
枫香树 Liquidambar formosana	1.04	4.3	1.28	2.21
大果马蹄荷 Exbucklandia tonkinensis	1.81	0.41	2.99	1.74
鼠刺 Itea chinensis	1.81	0.33	2.99	1.71
马尾松 Pinus massoniana	1.04	1.59	1.71	1.44
山杜英 Elaeocarpus sylvestris	0.91	0.33	2.56	1.27
光叶山矾 Symplocos lancifolia	1.04	0.16	2.56	1.25
榕叶冬青 Ilex ficoidea	1.04	0.10	2.56	1.23
山桐子 Idesia polycarpa	0.52	1.89	1.28	1.08
细齿叶柃 Eurya nitida	1.04	0.08	2.14	1.02

由表4-2可知，该群落中重要值最大的为显脉新木姜子，其在群落中的重要值为19.35%，为该群落的优势种。其次，为毛棉杜鹃和鸭公树，二者重要值依次为8.44%和8.07%。二者重要值相当，在群落中同样占有重要地位，也为群落的优势种。从物种分布来看，该群落共有63种，其中乔木层主要以新木姜子属（Neolitsea）、润楠属、杜鹃属等为主。南亚热带和中亚热带森林植物优势科的组成具有很大的相似性。显脉新木姜子为南亚热带森林主要的优势种及建群种（廖文波等，1995）。杜鹃花科植物的不断出现又是中亚热带的一种表现。可见该群落处于南亚热带与中亚热带的过渡类型。另外该群落中闽楠（Phoebe bournei）及半枫荷（Semiliquidambar cathayensis）的出现也在一定程度上说明了该地植物区系的古老性。

该群落的灌木层主要以柃属、冬青属以及乔木层的幼树为主，如二列叶柃（Eurya distichophylla）、鼠刺、亮叶冬青（Ilex nitidissima）、毛冬青（I. pubescens）、东方古柯（Erythroxylum sinense）等。藤本植物瓜馥木（Fissistigma oldhamii）、野木瓜（Stauntonia chinensis）、常春藤（Hedera nepalensis var. sinensis）、弯梗菝葜（Smilax aberrans）居多。草本层中以蕨类植物和薹草属（Carex）为主，并有少量姜科植物出现，植物种类主要有金毛狗（Cibotium barometz）、江南星蕨（Neolepisorus fortunei）、乌毛蕨、十字薹草（Carex cruciata）、山姜等。

二、亚热带常绿阔叶山顶矮林

该植被类型集中分布在青云山山顶以及雷公礤山脊，海拔在1100～1200 m。另有园洞水库旁的石山山顶，其海拔较青云山以及雷公礤较低，海拔在440～470 m。此植被类型在本保护区主要为杜鹃花科低矮小乔木或灌木组成的群落。青云山山顶为广东杜鹃群落（Comm. *Rhododendron kwangtungense*），雷公礤山脊为齿缘吊钟花群落（Comm. *Enkianthus serrulatus*）。园洞石山为青冈+罗伞树+广东杜鹃群落（Comm. *Cyclobalanopsis glauca* + *Ardisia quinquegona*+ *Rhododendron kwangtungense*）。山顶和山脊线位置气候相对来说更加寒冷，且云雾较多，日照更为强烈。土壤土层较薄，但又有较厚的腐殖质层。群落中多以低矮的灌木为主，尤其是杜鹃花科一些较为耐日晒、耐干旱的树种，作为先锋树种首先进入本地区。此植被类型中灌木层较为发达，草本层种类很少，主要为一些耐干旱的蕨类植物及禾本科植物。

1. 青冈+罗伞树+广东杜鹃群落（Comm. *Cyclobalanopsis glauca*+ *Ardisia quinquegona* + *Rhododendron kwangtungense*）

该群落分布在园洞水库对面的石山，海拔在440～470 m。该群落处于演替的初级阶段，岩石裸露较多，土层较薄。群落中乔木层主要以低矮的小乔木为主，植株高度在2～6 m。灌木层多为乔木层的幼苗，其他乔木层幼树类主要有山血丹、珍珠花（*Lyonia ovalifolia*）、饶平石楠、赤楠等。草本层植物很少，主要为一些附生和石生蕨类，例如瓦韦（*Lepisorus thunbergianus*）、崖姜（*Aglaomorpha coronans*）、石韦（*Pyrrosia lingua*）等。

由群落乔木层重要值（表4-3）分析可知，重要值最大的为青冈（26.46%），其次为罗伞树（12.04%）、广东杜鹃（8.98%）。青冈为该群落的优势种，罗伞树和广东杜鹃在群落乔木层中也占有重要地位。

表4-3　青冈+罗伞树+广东杜鹃群落乔木层主要物种特征值（重要值≥1%）

Table 4-3　The character of the main trees (IV≥1%) of arbor layer in the community of *Cyclobalanopsis glauca*+ *Ardisia quinquegona*+ *Rhododendron kwangtungense*

植物名 Species	相对多度 RA（%）	相对显著度 RD（%）	相对频度 RF（%）	重要值 IV（%）
青冈 *Cyclobalanopsis glauca*	20.59	45.69	13.11	26.46
罗伞树 *Ardisia quinquegona*	22.94	3.36	9.84	12.04
广东杜鹃 *Rhododendron kwangtungense*	12.35	4.74	9.84	8.98
罗浮柿 *Diospyros morrisiana*	7.65	8.35	9.84	8.61
柯 *Lithocarpus glaber*	8.82	5.08	11.48	8.46
小叶青冈 *Cyclobalanopsis myrsinifolia*	5.29	6.67	6.56	6.17
木荷 *Schima superba*	2.94	9.39	4.92	5.75
密花树 *Myrsine seguinii*	5.29	4.75	6.56	5.54
赤楠 *Syzygium buxifolium*	3.53	3.13	6.56	4.40

续表

植物名 Species	相对多度 RA（%）	相对显著度 RD（%）	相对频度 RF（%）	重要值 IV（%）
乌药 *Lindera aggregata*	2.94	0.63	4.92	2.83
绒毛润楠 *Machilus velutina*	1.76	0.57	4.92	2.42
马尾松 *Pinus massoniana*	1.18	4.17	1.64	2.33
黄果厚壳桂 *Cryptocarya concinna*	0.59	2.09	1.64	1.44
饶平石楠 *Photinia raupingensis*	1.76	0.84	1.64	1.42

三、亚热带常绿与落叶阔叶混交林

该植被类型主要分布在苦竹坳、基站、罗庚坪、跃进水库等地。其中落叶阔叶树种主要为槭属的毛脉槭（*Acer pubinerve*）、青榨槭（*A. davidii*），桤木属（*Alnus*）的江南桤木（*A. trabeculosa*），水青冈属（*Fagus*）的水青冈（*F. longipetiolata*）和安息香科的赤杨叶等。该类型植被季相变化较为明显，尤其是槭属植物秋季为叶变色期，多为红叶，冬季落叶，冬季群落中仅剩些常绿树种。群落中灌木也多以冬青科、山矾科植物为主，且群落中藤本较少。山乌桕（*Triadica cochinchinensis*）等落叶树种在该地群落中大多为零星分布，很少是群落的优势种或建群种。

四、亚热带常绿针叶林

青云山自然保护区的针叶林树种主要为杉木、马尾松、黑松（*Pinus thunbergii*）。其中黑松为人工植被，是原始植被遭到破坏后在山脊线采用飞机种播的方式人工种植的。黑松群落分布在青云山海拔900～1000 m的一段山脊线上。杉木群落主要为人工种植的用材林，主要分布在老隆山林场。马尾松林分布在雷公礤近山顶附近，海拔约900 m。林下植被较单一，主要有岗松（*Baeckea frutescens*）、杜鹃（*Rhododendron simsii*）、乌饭树（*Vaccinium bracteatum*）。

五、亚热带常绿阔叶灌丛

在保护区范围内，该植被类型的优势种主要有桃金娘（*Rhodomyrtus tomentosa*）、岗松、野牡丹（*Melastoma malabathricum*）等。

桃金娘＋野牡丹群落（Comm. *Rhodomyrtus tomentosa* + *Melastoma malabathricum*）主要分布在跃进水电站。伴生种主要有岗松、鼠刺等。草本层主要由芒（*Miscanthus sinensis*）、粗毛鸭嘴草（*Ischaemum barbatum*）等为优势种。

六、亚热带禾草草丛

在保护区范围内，该植被类型主要的优势种有芒、皱叶狗尾草（*Setaria plicata*）、刚莠竹（*Microstegium ciliatum*）等。

刚莠竹＋芒群落（Coom. *Microstegium ciliatum* + *Miscanthus sinensis*）主要分布在葛坑、食水坑。其伴生种主要有箬叶竹（*Indocalamus longiauritus*）、毛果珍珠茅（*Scleria levis*）、浆果苔草（*Carex baccans*）、细毛鸭嘴草（*Ischaemum ciliare*）等。

第二节 代表性群落的物种多样性分析

一、代表群落概况

群落物种多样性的分析选取了该地典型植被类型中的代表性群落，计算其群落多样性测度指标以反映该群落的物种分布状况。群落详细情况见表4-4。

表4-4 青云山自然保护区代表群落分布概况

Table 4-4 The typical community distribution in Qingyunshan Nature Reserve

植被类型 Vegetation type	群落 Community	分布地点 Distribution site	海拔 Elevation	坡向 Aspect	样地号 Plot num.
亚热带常绿阔叶林	米槠+栲群落	基站	510~630m	东南	1
	显脉新木姜子+毛棉杜鹃+鸭公树群落	雷公礤山脚	688~779m	北	2
亚热带常绿阔叶山顶矮林	青冈+罗伞树+广东杜鹃群落	园洞石山	440~470m	东	4

二、米槠+栲群落物种多样性分析

该群落为典型的亚热带常绿阔叶林，其物种大致的分布情况可参看表4-1。分析群落的生长型与群落多样性指数的关系会对揭示群落结构、群落稳定性及演替阶段具有重要意义（马克平等，1995）。根据Raunkiaer生活型分类系统（Raunkiaer, 1934），将群落分为乔木层、灌木层和草本层三大类。该群落的物种多样性测度见表4-5。

表4-5 米槠+栲群落物种多样性指数

Table 4-5 Species diversity indices of *Castanopsis carlesii* + *C. fargesii* community

层次 Layer	物种丰富度（S） Richness of species（S）	Margalef index（E）	Simpson index（D$_2$）	Shanon-Wiener index(H')	Pielou index（J_{sw}）	生态优势度（D1） The dominance of ecology（D1）
乔木层 Tree layer	70	11.0197	0.9398	3.3884	0.7976	0.0602
灌木层 Shrub layer	114	16.1463	0.9693	3.9871	0.8418	0.0307
草本层 Herb layer	30	4.4849	0.8510	2.4136	0.7096	0.1490
整个群落 Whole community	153	19.6767	0.9743	4.1899	0.8329	0.0257

由表4-5可知，灌木层物种丰富度最高，均匀度指数也高，但是生态优势度较低，这就说明灌木层物种数量较多，分布较为均匀，优势种不明显。草本层的物种丰富度最低，说明草本层植物种类较少，并且草本层物种均匀度指数也是最低，生态优势度却是最高。这就进一步说明，草本层植物分布较为集中，优势种明显。乔木层介于灌木层和草本层之间。

就物种丰富度指数和Margalef指数而言，灌木层＞乔木层＞草本层，层间指数差别较大。从Simpson指数和Shanon-Wiener指数来看，灌木层＞乔木层＞草本层，层间指数差别较小。乔木层和草本层的均匀度指数较为接近，灌木层均匀度指数高于乔木层和草本层。草本层的优势度指数最高，乔木层其次，灌木层最低，且乔木层和灌木层的优势度较为接近。就整个群落而言，物种丰富程度较高，均匀度各层间变异幅度较小，尤其是乔木层和灌木层，这可能与灌木层多为乔木层幼树有关。该群落较为稳定，但是群落整体优势种不明显，这可能是由于优势种较多，且不统一，从而使优势地位不断分散所致。综合来看，该群落的生态优势度和均匀度呈现一种相反的变化趋势。

三、显脉新木姜子+毛棉杜鹃+鸭公树群落物种多样性分析

壳斗科和樟科是亚热带常绿阔叶林中典型的群落建群种和优势种。同样是根据生活型，将群落分为乔木层、灌木层和草本层分析各层及群落整体的物种多样性。其物种大致的分布情况可参看表4-2，该群落的物种多样性测度见表4-6。

物种丰富度和Margalef指数可以反映群落的物种丰富程度，在该群落中，灌木层＞乔木层＞草本层，可见灌木层物种丰富度最高。

Simpson指数和Shanon-Wiener指数是物种多样性指数，在一定程度上可以反映群落物种集中和分散的程度。在该群落中，灌木层＞乔木层＞草本层，且乔木层和灌木层两种指数较为接近，与草本层差异较大。这就说明灌木层和乔木层物种数量较多且分布较均匀，而草本层植物种类偏少，数量多的种集中在几个种上，分布较为集中。

Pielou均匀度指数灌木层和乔木层层间差异较小，草本层均匀度指数较低且与乔木层和灌木层的差别较大。这也就进一步说明了草本层植物物种分布较为集中。

生态优势度主要反映群落中优势种的集中程度，在该群落中，草本层＞乔木层＞灌木层，正好与物种丰富度与均匀度相反。这也从另一个侧面说明草本层优势种集中，而灌木层优势种较为分散。

表4-6　显脉新木姜子+毛棉杜鹃+鸭公树群落物种多样性指数

Table 4-6　Species diversity indices of *Neolitsea phanerophlebia+ Rhododendron moulmainense + Neolitsea chui* community

层次 Layer	物种丰富度（S） Richness of species（S）	Margalef index（E）	Simpson index（D_2）	Shanon-Wiener index(H')	Pielou index（J_{sw}）	生态优势度（D_1） The dominance of ecology（D_1）
乔木层 Arbor layer	63	9.3284	0.9086	2.9499	0.7120	0.0914
灌木层 Shrub layer	82	12.2038	0.9678	3.8288	0.8688	0.0322

续表

层次 Layer	物种丰富度 （S） Richness of species（S）	Margalef index （E）	Simpson index（D_2）	Shanon-Wiener index(H')	Pielou index （J_{sw}）	生态优势度（D_1） The dominance of ecology（D_1）
草本层 Herb layer	20	3.2249	0.4469	0.3683	0.1229	0.5531
整个群落 Whole community	136	18.2905	0.9599	3.8656	0.5237	0.0401

就整个群落而言，群落物种丰富程度较高，灌木层最高。结合重要值分析（表4-2），乔木层中除显脉新木姜子之外，毛棉杜鹃、鸭公树、华润楠之间重要值差异较小，这在均匀度指数和生态优势度中也可看出，乔木层物种优势度一般，优势种的优势地位并不明确，优势性分散在几个种中，致使整体优势度下降。说明该群落还处在一种演替过程中，显脉新木姜子、毛棉杜鹃、鸭公树、华润楠现有的优势地位极有可能互相取代。

对比米槠+栲群落，该群落的物种多样性程度比米槠+栲群落低一点。根据群落稳定性假说（Baskin，1995；Elton，1985；Tilman & Dowing，1994），米槠+栲群落物种多样性较高，相对来说更为稳定，对资源的利用也更加高效。

四、青冈+罗伞树+广东杜鹃群落物种多样性分析

该群落属于亚热带常绿阔叶林山顶矮林的植被类型。山顶的特殊气候环境及土壤条件影响了其物种分布和群落结构。该群落的物种大致的分布情况可参看表4-3，物种多样性测度见表4-7。

表4-7　青冈+罗伞树+广东杜鹃群落物种多样性指数

Table 4-7　Species diversity indices of *Cyclobalanopsis glauca*+ *Ardisia quinquegona*+ *Rhododendron kwangtungense*
community

层次 Layer	物种丰富度（S） Richness of species（S）	Margalef index（E）	Simpson index（D_2）	Shanon-Wiener index(H')	Pielou index （J_{sw}）	生态优势度（D_1） The dominance of ecology（D_1）
乔木层 Arbor layer	18	3.3101	0.8666	2.3147	0.8008	0.1334
灌木层 Shrub layer	18	3.1236	0.6389	1.6530	0.5719	0.3611
草本层 Herb layer	12	1.6570	0.4575	0.9881	0.3976	0.5425
整个群落 Whole community	39	5.3821	0.7406	2.0290	0.5538	0.2594

由表4-7可知，乔木层的物种丰富度稍高于灌木层，远高于草本层，但是乔木层、灌木层及草本层的物种数目之间差异较小。这主要是由于灌木层和草本层某几个种类植株数量较大，占据了主要地位。生态优势度及均匀度指数也印证了这个结果。草本层生态优势度最高，均匀度指数最低。这就说明草本层植物优势种明显。由于山顶独特的土壤条件，土层较薄，岩石裸露较多，石韦是一种附石蕨类，在群落中极为常见，且在裸露的岩石表面大片生长。乔木层的生态优势度较灌木层而言更低，且各层间差异较大。这也与该群落的演替阶段相符合。山顶矮林的演替过程主要就是一些阳性耐干旱的先锋树种如杜鹃花科植物先进入该地，发展到一定阶段后乌药开始慢慢出现，接着一些耐阴的树种如罗伞树等开始出现，并逐渐占据优势地位，慢慢的更加耐阴的植物如绒毛润楠加入到该群落中，最后是壳斗科植物的加入，慢慢演替为一个稳定的群落。该群落目前处于演替的开始偏中间阶段，群落中附生蕨类如石韦、瓦韦、崖姜及附生兰的出现也印证了这一点。

五、典型群落物种多样性综合对比分析

群落物种多样性与生境密切相关，尤其是对同一地区具体的植物群落来说，群落生境的差异可能是群落形成多样性差异的主要原因（汪殿蓓等，2001）。综合对比以上的3个代表群落（表4-8），探究青云山自然保护区群落结构及演替情况。

表4-8 青云山自然保护区代表群落物种多样性指数

Table 4-8 Species diversity indices of the typical community in Qingyunshan Nature Reserve

群落 Community	物种丰富度（S） Richness of species（S）	Margalef index（E）	Simpson index（D₂）	Shanon-Wiener index(H')	Pielou index（J_{sw}）	生态优势度（D₁） The dominance of ecology（D₁）
米槠+栲群落	153	19.6767	0.9743	4.1899	0.8329	0.0257
显脉新木姜子+毛棉杜鹃+鸭公树群落	136	18.2905	0.9599	3.8656	0.5237	0.0401
青冈+罗伞树+广东杜鹃群落	39	5.3821	0.7406	2.0290	0.5538	0.2594

3个群落分别代表了青云山自然保护区中植被演替的不同阶段，青冈+罗伞树+广东杜鹃群落是演替的初级阶段，代表了裸露的石头山植被演替的过程。由于山顶温度更低，日照更强且风更大的特殊气候条件及石头山土壤稀薄、裸露岩石较多的特殊生境，造成了其群落物种丰富程度较低，均匀度较低，物种分布较集中的群落特征。显脉新木姜子+毛棉杜鹃+鸭公树群落是演替中间阶段的代表。其群落物种丰富度相对较高，优势种较为分散，均匀度低，说明该群落中不同种植物分布数量差异较大。这与群落的演替阶段也相符合。米槠+栲群落物种丰富度最高，均匀度最高，说明该群落不同种植物的数量差异不大，物种分布较均匀，群落已经趋于稳定阶段，是演替过程的顶级群落。

第五章 珍稀濒危植物现状及保护

第一节 珍稀濒危植物现状

珍稀濒危植物是生物多样性的重要组成部分，它们由于生境的碎片化、自身繁殖能力弱等原因，面临生存危机甚至灭绝的风险。每个物种的灭绝对于物种多样性、基因多样性等都是无法挽回的损失。怎么样保护珍稀濒危植物就成了关键问题。保护区的建立就是为了能够使珍稀濒危植物得到更好的、更有效的保护。

结合野外调查、采集的标本和查阅相关资料，根据《国家重点保护野生植物名录》(国家林业和草原局和农业农村部，2021)、《中国植物红皮书——稀有濒危植物》(傅立国，1991)、《广东珍稀濒危植物》(彭少麟和陈万成，2003)、IUCN 濒危物种红色名录(中国珍稀濒危植物信息系统)(2019)、《中国高等植物受威胁物种名录》(覃海宁等，2017)和《濒危野生动植物种国际贸易公约》(CITES)，参考《广东翁源青云山自然保护区科学考察报告》(黄金玲等，2008a)、《广东翁源青云山自然保护区总体规划》(黄金玲等，2008b)等，确定珍稀濒危植物种类。因参考的资料不同(余小玲等，2020)，所收录的珍稀濒危植物种类、数量与《翁源青云山珍稀植物》(王发国等，2021)有少量不同。部分种类如百日青(*Podocarpus neriifolius*)、格木(*Erythrophleum fordii*)、石斛(*Dendrobium nobile*)、心叶球柄兰(*Mischobulbum cordifolium*)据记载有分布。

一、珍稀濒危植物的种类组成与分布

经调查和统计(表5-1)，青云山省级自然保护区共有珍稀濒危植物77种(包括种下分类单位)，隶属29科、53属。其中蕨类植物4科4属5种，石松类植物1科1属1种，裸子植物2科2属2种，被子植物22科46属69种。被各保护植物名录收录情况如下。

被《国家重点保护野生植物名录》(2021)收录的植物有20种，如苏铁蕨(*Brainea insignis*)、桫椤(*Alsophila spinulosa*)、闽楠、伯乐树(*Bretschneidera sinensis*)等，均为国家二级重点保护野生植物。

被《中国植物红皮书—稀有濒危植物》收录的有16种。其中渐危物种有桫椤、闽楠、粘木(*Ixonanthes reticulata*)、华南锥和巴戟天(*Morinda officinalis*)等8种，稀有物种有观光木(*Michelia odora*)、普洱茶(*Camellia sinensis* var. *assamica*)、半枫荷等8种。

被《广东珍稀濒危植物》收录的有16种，包括桫椤、闽楠、华南锥、巴戟天、观光木、普洱茶、半枫荷、伞花木(*Eurycorymbus cavaleriei*)、伯乐树等。

被《中国高等植物受威胁物种名录》收录的有30种。其中濒危(EN)物种有蛇足石杉、广东木姜子、广东毛蕊茶(*Camellia melliana*)、白桂木(*Artocarpus hypargyreus*)等10种，易危(VU)物种有苏铁蕨、粘木、舌柱麻(*Archiboehmeria atrata*)、黑老虎(*Kadsura coccinea*)等20种。

被IUCN收录的有43种。其中濒危（EN）物种有蛇足石杉和金线兰（*Anoectochilus roxburghii*）2种，易危（VU）物种有闽楠、半枫荷、苏铁蕨等8种，近危（NT）物种有观光木、桫椤、伯乐树、乐昌含笑（*Michelia chapensis*）等7种，无危（LC）物种有竹叶兰（*Arundina graminifolia*）、长距虾脊兰（*Calanthe sylvatica*）、长茎羊耳蒜（*Liparis viridiflora*）等26种。

被《濒危野生动植物种国际贸易公约》收录的有40种。包括桫椤科的桫椤和粗齿桫椤、罗汉松科的百日青，以及金线兰、半柱毛兰（*Eria corneri*）、苞舌兰（*Spathoglottis pubescens*）、芳香石豆兰（*Bulbophyllum ambrosia*）、镰翅羊耳蒜（*Liparis bootanensis*）等37种兰科植物。

表5-1 青云山省级自然保护区珍稀濒危植物

Table 5-1 Rare and endangered plants in Qingyunshan Nature Reserve

编号 NO.	物种 Species	科名 Family name	CRB	RC	GD	CH	IUCN	CITES
1	蛇足石杉*Huperzia serrata*	石松科 Lycopodiaceae				EN	EN	
2	福建莲座蕨*Angiopteris fokiensis*	合囊蕨科 Marattiaceae	II					
3	金毛狗蕨*Cibotium barometz*	金毛狗蕨科 Cibotiaceae	II		√			
4	苏铁蕨*Brainea insignis*	乌毛蕨科 Blechnaceae	II		√	VU	VU	
5	粗齿桫椤*Alsophila denticulata*	桫椤科 Cyatheaceae			√		LC	√
6	桫椤*Alsophila spinulosa*	桫椤科 Cyatheaceae	II	渐危	√		NT	√
7	百日青*Podocarpus neriifolius*	罗汉松科 Podocarpaceae	II			VU		√
8	穗花杉*Amentotaxus argotaenia*	红豆杉科 Taxaceae	II	渐危		VU		
9	绞股蓝*Gynostemma pentaphyllum*	葫芦科 Cucurbitaceae			√			
10	观光木*Michelia odora*	木兰科 Magnoliaceae		稀有	√	VU	NT	
11	乐昌含笑*Michelia chapensis*	木兰科 Magnoliaceae					NT	
12	黑老虎*Kadsura coccinea*	五味子科 Schisandraceae				VU		
13	广东木姜子*Litsea kwangtungensis*	樟科 Lauraceae				EN		
14	闽楠*Phoebe bournei*	樟科 Lauraceae	II	渐危	√	VU	VU	
15	沉水樟*Cinnamomum micranthum*	樟科 Lauraceae		渐危		VU		
16	樟*Cinnamomum camphora*	樟科 Lauraceae			√		LC	
17	广东毛蕊茶*Camellia melliana*	山茶科 Theaceae				EN		
18	普洱茶 *Camellia sinensis* var. *assamica*	山茶科 Theaceae		稀有	√	VU		

续表

编号 NO.	物种 Species	科名 Family name	CRB	RC	GD	CH	IUCN	CITES
19	毛花猕猴桃 *Actinidia eriantha*	猕猴桃科 Actinidiaceae					LC	
20	粘木 *Ixonanthes reticulata*	粘木科 Ixonanthaceae		渐危		VU		
21	任豆 *Zenia insignis*	苏木科 Caesalpiniaceae		稀有	√	VU	VU	
22	花榈木 *Ormosia henryi*	蝶形花科 Papilionaceae	Ⅱ			VU	VU	
23	软荚红豆 *Ormosia semicastrata*	蝶形花科 Papilionaceae	Ⅱ					
24	木荚红豆 *Ormosia xylocarpa*	蝶形花科 Papilionaceae	Ⅱ					
25	格木 *Erythrophleum fordii*	蝶形花科 Papilionaceae	Ⅱ	渐危	√	VU	VU	
26	半枫荷 *Semiliquidambar cathayensis*	金缕梅科 Hamamelidaceae		稀有	√	VU	VU	
27	华南锥 *Castanopsis concinna*	壳斗科 Fagaceae	Ⅱ	渐危	√			
28	吊皮锥 *Castanopsis kawakamii*	壳斗科 Fagaceae		稀有				
29	卷毛柯 *Lithocarpus floccosus*	壳斗科 Fagaceae				VU		
30	白桂木 *Artocarpus hypargyreus*	桑科 Moraceae				EN		
31	舌柱麻 *Archiboehmeria atrata*	荨麻科 Urticaceae		稀有		VU		
32	亮叶雀梅藤 *Sageretia lucida*	鼠李科 Rhamnaceae				VU		
33	金柑 *Citrus japonica*	芸香科 Rutaceae				EN		
34	伞花木 *Eurycorymbus cavaleriei*	无患子科 Sapindaceae	Ⅱ	稀有	√		LC	
35	伯乐树 *Bretschneidera sinensis*	伯乐树科 Bretschneideraceae	Ⅱ	稀有	√		NT	
36	大果安息香 *Styrax macrocarpus*	安息香科 Styracaceae				EN		
37	巴戟天 *Morinda officinalis*	茜草科 Rubiaceae	Ⅱ	渐危	√	VU		
38	七叶一枝花 *Paris polyphylla*	延龄草科 Melanthiaceae	Ⅱ					
39	褐苞薯蓣 *Dioscorea persimilis*	薯蓣科 Dioscoreaceae				EN		
40	柳叶薯蓣 *Dioscorea linearicordata*	薯蓣科 Dioscoreaceae				EN		
41	金线兰 *Anoectochilus roxburghii*	兰科 Orchidaceae	Ⅱ			EN	EN	√
42	拟兰 *Apostasia odorata*	兰科 Orchidaceae					LC	√

编号 NO.	物种 Species	科名 Family name	CRB	RC	GD	CH	IUCN	CITES
43	竹叶兰 *Arundina graminifolia*	兰科 Orchidaceae					LC	√
44	芳香石豆兰 *Bulbophyllum ambrosia*	兰科 Orchidaceae					LC	√
45	广东石豆兰 *Bulbophyllum kwangtungense*	兰科 Orchidaceae					LC	√
46	密花石豆兰 *Bulbophyllum odoratissimum*	兰科 Orchidaceae					LC	√
47	钩距虾脊兰 *Calanthe graciliflora*	兰科 Orchidaceae						√
48	长距虾脊兰 *Calanthe sylvatica*	兰科 Orchidaceae					LC	√
49	三褶虾脊兰 *Calanthe triplicata*	兰科 Orchidaceae					LC	√
50	大序隔距兰 *Cleisostoma paniculatum*	兰科 Orchidaceae					LC	√
51	流苏贝母兰 *Coelogyne fimbriata*	兰科 Orchidaceae						√
52	建兰 *Cymbidium ensifolium*	兰科 Orchidaceae	II			VU	VU	√
53	兔耳兰 *Cymbidium lancifolium*	兰科 Orchidaceae					LC	√
54	细茎石斛 *Dendrobium moniliforme*	兰科 Orchidaceae	II					√
55	石斛 *Dendrobium nobile*	兰科 Orchidaceae	II			VU	VU	√
56	半柱毛兰 *Eria corneri*	兰科 Orchidaceae					LC	√
57	美冠兰 *Eulophia graminea*	兰科 Orchidaceae					LC	√
58	青云山天麻 *Gastrodia qingyunshanensis*	兰科 Orchidaceae						√
59	大花斑叶兰 *Goodyera biflora*	兰科 Orchidaceae					NT	√
60	多叶斑叶兰 *Goodyera foliosa*	兰科 Orchidaceae					LC	√
61	花格斑叶兰 *Goodyera kwangtungensis*	兰科 Orchidaceae						√
62	高斑叶兰 *Goodyera procera*	兰科 Orchidaceae					LC	√
63	鹅毛玉凤花 *Habenaria dentata*	兰科 Orchidaceae					LC	√
64	橙黄玉凤花 *Habenaria rhodocheila*	兰科 Orchidaceae					LC	√
65	镰翅羊耳蒜 *Liparis bootanensis*	兰科 Orchidaceae					LC	√
66	小巧羊耳蒜 *Liparis delicatula*	兰科 Orchidaceae					NT	√
67	见血青 *Liparis nervosa*	兰科 Orchidaceae					LC	√
68	长茎羊耳蒜 *Liparis viridiflora*	兰科 Orchidaceae					LC	√
69	心叶球柄兰 *Mischobulbum cordifolium*	兰科 Orchidaceae						√

编号 NO.	物种 Species	科名 Family name	CRB	RC	GD	CH	IUCN	CITES
70	触须阔蕊兰 *Peristylus tentaculatus*	兰科 Orchidaceae					LC	√
71	细叶石仙桃 *Pholidota cantonensis*	兰科 Orchidaceae					LC	√
72	石仙桃 *Pholidota chinensis*	兰科 Orchidaceae					LC	√
73	小片菱兰 *Rhomboda abbreviata*	兰科 Orchidaceae						√
74	白肋菱兰 *Rhomboda tokioi*	兰科 Orchidaceae				VU		√
75	苞舌兰 *Spathoglottis pubescens*	兰科 Orchidaceae					LC	√
76	心叶带唇兰 *Tainia cordifolia*	兰科 Orchidaceae				EN		√
77	带唇兰 *Tainia dunnii*	兰科 Orchidaceae					NT	√

注: CRB为《国家重点保护野生植物名录》(2021); RC为《中国植物红皮书——稀有濒危植物》; GD为《广东珍稀濒危植物》; CH为中国高等植物受威胁物种名录(EN: 濒危, VU: 易危); IUCN为世界自然保护联盟红色名录(中国珍稀濒危植物信息系统)(EN: 濒危, VU: 易危, NT: 近危, LC: 无危); CITES为《濒危野生动植物国际贸易公约》(2013)。

二、青云山珍稀濒危植物分布

对青云山省级自然保护区珍稀濒危植物的调查表明, 本区的珍稀濒危植物主要分布在实验区以及缓冲区, 较少分布在核心区(图5-1)。总体来看, 多数珍稀濒危植物分布区狭窄, 除少数种类(如金毛狗和粗齿桫椤)个体数量相对较多外, 其他种类如半枫荷、任豆、伞花木、格木、沉水樟个体数量较少, 大多零星分布。此外, 大多数珍稀濒危植物分布在河流附近, 且多数分布于常绿阔叶林中。

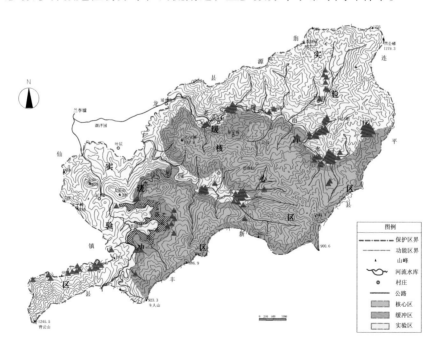

图5-1 青云山自然保护区珍稀濒危植物分布图

Figure 5-1 Distribution map of rare and endangered plants in Qingyunshan Nature Reserve

注: 红色三角形为珍稀濒危植物分布地

国家二级重点保护野生植物伯乐树目前在保护区范围内仅发现两处，呈星散分布，数量极少。珍稀植物半枫荷很少见，其中一株半枫荷胸径达80 cm，十分罕见；灌木状蕨类苏铁蕨在保护区范围内有一片较大的群落，位于园洞冯藤坑暗笼面。其乔木层主要有青冈、吊皮锥、毛棉杜鹃等。灌木层主要以苏铁蕨为优势种，伴生植物主要有赤楠、刺毛越桔（Vaccinium trichocladum）、杜茎山（Maesa japonica）等。草本层种类较少，主要为乌毛蕨、狗脊、建兰等。

七叶一枝花（Paris polyphylla）是传统的民族药用植物，以根茎入药，具有较高的药用价值，故而野外盗挖现象十分严重。青云山自然保护区范围内七叶一枝花呈零星分布，在苦竹坳山沟中分布较为集中，可能是山沟潮湿的环境适合其生长，该地较难到达且较为隐蔽，使其群落得到了较好的保存。

所有的野生兰科植物均在《濒危野生动植物种国际贸易公约》的保护范围之内。翁源自古以来就被称为兰花之乡，青云山自然保护区范围内共有兰科植物37种，种类十分丰富。其分布地多集中在园洞与雷公礤，除心叶带唇兰在园洞水库土山附近有一个较大的种群外，其余均为零星分布。园洞水库周围的土山、石山分布有大量兰科植物，建议可以在该地设立小的保护站，对其进行重点保护。

三、珍稀濒危植物的保护价值

青云山自然保护区分布的野生珍稀濒危植物除具有重要科研价值外，还具有较高的经济价值。如桫椤科的粗齿桫椤和桫椤、无患子科的伞花木、伯乐树科的伯乐树等在植物系统学研究中具有重要的科学价值；蛇足石杉、金毛狗、黑老虎、巴戟天、半枫荷等为重要的药用植物；乐昌含笑、观光木、闽楠、粘木、花榈木等为优良材用种类；舌柱麻茎皮纤维为代麻原料和制人造棉的原料；此外青云山保护区兰科植物达30余种，许多种类有较高的观赏性，保护价值高。

第二节　珍稀濒危植物面临的问题及保护对策

一、珍稀濒危植物保护面临的问题

濒危植物在自然条件下，一般种群数量较小，分布范围狭窄。由于其自身繁殖问题致使其数量不断减少，种群不能得到有利的更新。比如伯乐树的一年生幼苗死亡率高，导致其天然更新困难。并且当地有些村民喜欢将珍稀植物的小苗挖回家，种在自家房屋旁，这对其种群的自然更新无疑是雪上加霜。

青云山自然保护区兰科植物丰富，兰科植物有着极高的观赏价值，致使其被盗挖现象严重。虽然有些村民是将其挖回家中种植，但是村民对于珍稀植物的养护管理知识及经验较为欠缺，这种行为对于其天然种群极为不利。药用植物的采挖现象则更为严重。在作者野外调查的过程中，就遇到有人盗挖七叶一枝花的根茎。

青云山保护区的珍稀濒危植物主要分布在青云山、雷公礤、园洞及青山口水电站这4个地方，但是具体种类分布较为分散，很难进行集体保护。

生境的碎片化，也是珍稀濒危植物面临的一个重大问题。青云山自然保护区管理较为完善，对生境及植被的保存较好。保护区范围内禁止毁林开荒种植经济作物，且保护区范围内的人工林如桉树林，已停止人工种植及更新，这对植被的恢复无疑是有利的。

二、珍稀濒危植物保护对策

建议将珍稀植物分布较为集中的青山口水电站、雷公礤、青云山、园洞4个地点列为优先保护地区，并建立固定的保护站，对珍稀濒危植物进行精细化管理。

在调查中我们发现，位于园洞的苏铁蕨群落种群数量，包括成株与幼株有350～400株，相较于广东省其他地区曾被发现的苏铁蕨群落，该群落种群数量较大，而且分布比较集中。建议将该种群列为优先保护种群，并建立固定样方加强监测与保护。保护区内半枫荷分布仅5株，其中在黄泥段的一株胸径达80 cm，对比广东省全国第二次重点保护野生植物调查的结果，本株大树在广东十分罕见，建议同时列为古树名木，加强保护。

保护区内的珍稀植物具有观赏价值和药用价值的种类较多，盗采和盗挖现象时有发生。建议加强对群众的宣传教育，提高群众保护植物的意识。加强对保护区的建设和管理，对珍稀濒危植物实施就地和迁地保护，并开展本地区珍稀濒危植物的保育技术研究，对其进行大规模人工繁育，并进行野外回归实验，以实现珍稀濒危植物资源的可持续发展与利用。

第六章 植物资源与利用

植物在我们的日常生活中有着举足轻重的地位，吴征镒将对人类有用的植物总和称为植物资源。我国对于植物资源的利用可以追溯到先秦时期，植物资源的利用也已经涉及人类生活的各个方面。我国资源植物种类繁多，植物资源的划分系统也较为多样。随着社会的不断发展，人们对植物资源的要求不断变化，对植物资源的需求同样不断扩大。利用前，首先我们需要弄清一个地区的植物种类、蕴藏量及其开发利用价值，同时我们还要对资源加以保护，不能使之成为无源之水。

第一节 植物资源分类

青云山自然保护区良好的气候条件，孕育了丰富的植物种类。根据对保护区的全面踏查，共调查到野生维管束植物共计1276种，隶属168科，607属。主要根据其观赏价值、药用价值、生态价值等进行分类整理，同时参考青云山自然保护区的自身情况作出相应的调整，对几类主要植物资源进行详细介绍，旨在保护植物的同时使其发挥最大的价值。

一、观赏植物资源

观赏植物主要是指具有观赏价值，可以用于城市绿化、美化环境等的野生植物（朱太平等，2007）。青云山自然保护区观赏植物资源丰富，以下将分为石松类和蕨类以及种子植物两个方面分别阐述本地区观赏植物资源情况。

蕨类和石松类植物多以草本植物为主，有些种类形态奇特，具有极强的观赏价值。青云山保护区内石松类和蕨类观赏植物共计104种，隶属22科，52属。如垂穗石松、深绿卷柏（*Selaginella doederleinii*）等具有匍匐生长的特性，可以用做地被植物。伏石蕨（*Lemmaphyllum microphyllum*）、骨牌蕨（*L. rostratum*）、圆盖阴石蕨（*Humata griffithiana*）、石韦等种类横走茎较发达，可以用作屋顶或者墙面绿化。乌毛蕨、狗脊等较耐贫瘠且喜阳，是边坡绿化的好材料。

青云山保护区内观赏种子植物共计815种，隶属139科，491属。其中赏花植物有306种，如木兰科植物树形极好，且花美丽，本保护区基站有一片木莲（*Manglietia fordiana*）林，花期在3～4月，花大，具有极高的观赏价值。含笑属植物一般都具有香气，如乐昌含笑、金叶含笑（*Michelia foveolata*）、野含笑（*M. skinneriana*）等，其中金叶含笑叶背被金黄色茸毛，在园林造景中可做为观叶植物。杜鹃花科植物花色艳丽，该地区以毛棉杜鹃居多，且雷公礤山顶有一片齿缘吊钟花群落，开花时节满山粉红色，真可谓是山花烂漫。该地区野牡丹科植物较为丰富，其中地菍（*Melastoma dodecandrum*）可做为地被植物，异药花、金锦香（*Osbeckia chinensis*）、楮头红（*Sarcopyramis napalensis*）等无论是观花观叶都很适合营造小的植物景观。蔷薇科不仅盛产水果，花朵也同样美丽，如钟花樱桃（*Cerasus campanulata*）、山樱花（*C. serrulata*）、石斑木（*Rhaphiolepis indica*）、广东美脉花楸等。鸭跖草科植物多以阴生或湿生为主，其中蛛丝毛蓝耳草（*Cyanotis arachnoidea*）花为蓝色，开花时一朵朵小蓝花十分梦幻，且其繁殖能力较强，不需复杂的养护管理，很适合家庭阳台绿化。

观叶植物有306种，如润楠属植物新叶多为红色，是极好的观叶植物，该地区润楠属植物主要有短序润楠（*Machilus breviflora*）、绒毛润楠、粗壮润楠（*M. robusta*）等。

观果植物有160种，如算盘子属（*Glochidion*）果实如算盘珠一般，也因此而得名，果实成熟后为红色，十分可爱，是极好的观果植物。紫金牛科植物主要以观果为主，其果实成熟时呈红色，颜色鲜艳。

二、药用植物资源

1. 药用植物组成情况

青云山自然保护区药用植物资源丰富、蕴藏量大，且该地区主要以客家人为主，客家文化中关于应用植物药（药材）防病、治病已有悠久的历史。

统计表明，青云山自然保护区（简称青云山）药用植物资源占广东药用植物资源（中国科学院华南植物研究所，1982）科、属、种总数的54.9%、32.8%、24.4%（表6-1），占全国药用植物资源（王英伟，2017）科、属、种总数比例分别为36.6%、16.7%、5.3%，可以看出青云山的药用植物资源非常丰富。

表6-1 广东青云山药用植物资源与广东和全国资源比较

Table 6-1 Comparison of medicinal plant resources of Qingyun Mountain in Guangdong with those of Guangdong and China

植物资源及其比例Plant resources and their proportion	科Families	属Genera	种Species
青云山野生植物资源	168	607	1276
青云山野生药用植物资源	140	385	586
广东药用植物资源	255	1175	2397
全国药用植物资源	383	2309	11146
青云山药用植物资源占青云山植物资源的比例（%）	83.3	63.43	45.93
青云山药用植物资源占广东药用植物资源的比例（%）	54.9	32.8	24.4
青云山药用植物资源占全国药用植物资源的比例（%）	36.6	16.7	5.3

青云山药用植物各科所含的种数差别较大（表6-2），大部分科、属植物的种类不多，10种及以下的科占青云山药用植物总科数的91.4%，含1～5种的药用植物有111科，占青云山野生药用植物资源的79.3%；菊科中37种植物有药用功能，占青云山野生药用植物总种数的6.3%；含1种药用植物的有43科，占总科数的30.7%。

表6-2 广东青云山药用植物科的构成

Table 6-2 Composition of medicinal plants family in Qingyun Mountain, Guangdong Province

含不同种数的科Families including different species number						
种数	1	2～5	6～10	11～15	16～20	>20	总计
科数	43	68	17	5	5	2	139
比例（%）	30.7	48.6	12.1	3.6	3.6	1.4	100

从表6-3可以看出，含15种及以上的科虽然仅有8科，占总科数的5.7%，但是所含种类却占了青云山药用植物总种数的27.8%。其中位于前五的是菊科、茜草科、禾本科、唇形科、兰科，这几科中菊科、茜草科、禾本科种数都在20种及以上，菊科达到了37种。

表6-3　广东青云山药用植物种数在15种以上的科

Table 6-3　Families with more than 15 species of medicinal plants in Qingyun Mountain, Guangdong Province

科 Family	种数 Species number	占青云山药用植物总种数的比例（%） Percent of all medicinal plants in Qingyun Mountain (%)
菊科	37	6.3
茜草科	21	3.6
禾本科	20	3.4
唇形科	19	3.2
兰科	18	3.1
蝶形花科	17	2.9
大戟科	16	2.7
玄参科	15	2.6

2. 常见的药用植物资源

青云山自然保护区药用植物种类丰富，根据《广东中药志》(1994)、《中草药野外识别手册》(谭树辉，2004)等相关书籍，将青云山保护区里一些常见药用植物按其功效分为清热解毒类、消肿止痛类、治外伤出血类、治毒蛇咬伤类、治咳嗽清肺类、活血散瘀类等(表6-4)；按其药用部位分为全株类、根与根茎类、果类、叶类、皮类(树皮类、根皮类、茎皮类)等(表6-5)。

（1）药用功能分类

表6-4　广东青云山药用植物功效类别及种数

Table 6-4　Effectiveness types and species of medicinal plants in Qingyun Mountain, Guangdong Province

功效类别 Effectiveness types	种数 Species number	所占比例（%） Percent (%)
活血散瘀类	107	23.4
清热解毒类	90	19.7
治咳嗽清肺类	60	13.1
治疗肠炎类	58	12.7
治外伤出血类	56	12.3
治蛇毒咬伤类	56	12.3
消肿止痛类	30	6.6
总计	457	100

注：某些植物有多种功效均列入各类统计，其他少见功能未列出。

①活血散瘀类

本类有107种，如芒萁（*Dicranopteris pedata*）、乌蕨、三羽新月蕨（*Pronephrium triphyllum*）、大叶骨碎补（*Davallia divaricata*）、圆盖阴石蕨、伏石蕨、江南星蕨、杉木、小叶买麻藤（*Gnetum parvifolium*）、草胡椒（*Peperomia pellucida*）、朴树（*Celtis sinensis*）、白桂木、二色波罗蜜（*Artocarpus styracifolius*）、竹叶榕（*Ficus stenophylla*）、黄葛树（*Ficus virens*）、苎麻（*Boehmeria nivea*）、紫麻（*Oreocnide frutescens*）、蔓赤车（*Pellionia scabra*）、小果山龙眼（*Helicia cochinchinensis*）、金线草（*Antenoron filiforme*）、莲子草（*Alternanthera sessilis*）、青葙（*Celosia argentea*）、山木通（*Clematis finetiana*）、石龙芮和黑老虎等。

②清热解毒类

本类有90种，如深绿卷柏、江南卷柏、紫萁（*Osmunda japonica*）、井栏边草（*Pteris multifida*）、半边旗、扇叶铁线蕨（*Adiantum flabellulatum*）、乌毛蕨、苏铁蕨、镰羽贯众、肾蕨、宽叶金粟兰（*Chloranthus henryi*）、小叶冷水花（*Pilea microphylla*）、火炭母（*Polygonum chinense*）、虎杖（*Reynoutria japonica*）、阔叶十大功劳（*Mahonia bealei*）、粉叶轮环藤（*Cyclea hypoglauca*）、蛇莓（*Duchesnea indica*）、藤金合欢（*Acacia concinna*）和猴耳环（*Archidendron clypearia*）等。

③治咳嗽清肺类

本类有60种，如肾蕨、伏石蕨、瓦韦、蕺菜（*Houttuynia cordata*）、草珊瑚（*Sarcandra glabra*）、杨梅（*Myrica rubra*）、栓皮栎（*Quercus variabilis*）、朴树、桑（*Morus alba*）、荞麦（*Fagopyrum esculentum*）、酸模叶蓼（*Polygonum lapathifolium*）、木莲、蔊菜（*Rorippa indica*）、鼠刺、小果蔷薇（*Rosa cymosa*）、小叶三点金（*Desmodium microphyllum*）、胡枝子（*Lespedeza bicolor*）、坡油甘（*Smithia sensitiva*）、小花山小橘（*Glycosmis parviflora*）、叶下珠、称星树（*Ilex asprella*）、毛冬青、无患子（*Sapindus saponaria*）、角花乌蔹莓（*Cayratia corniculata*）、黄葵（*Abelmoschus moschatus*）、胡颓子（*Elaeagnus pungens*）、红马蹄草（*Hydrocotyle nepalensis*）、水芹（*Oenanthe javanica*）、山矾（*Symplocos sumuntia*）、柳叶白前（*Cynanchum stauntoni*）和少花龙葵（*Solanum americanum*）等。

④治疗肠炎类

本类有58种，如糯米团（*Gonostegia hirta*）、雾水葛（*Pouzolzia zeylanica*）、网脉山龙眼（*Helicia reticulata*）、葎草（*Humulus scandens*）、繁缕（*Stellaria media*）、鸡眼草（*Kummerowia striata*）、葫芦茶（*Tadehagi triquetrum*）、酢浆草（*Oxalis corniculata*）、红花酢浆草（*O. corymbosa*）、铁苋菜（*Acalypha australis*）、飞扬草（*Euphorbia hirta*）、毛果算盘子（*Glochidion eriocarpum*）、白背叶（*Mallotus apelta*）、叶下珠、白背黄花稔（*Sida rhombifolia*）、胡颓子、岗松、桃金娘、野牡丹、地菍、金锦香、白簕（*Eleutherococcus trifoliatus*）、酸藤子、当归藤（*Embelia parviflora*）、牛奶菜（*Marsdenia sinensis*）和广防风（*Anisomeles indica*）等。

⑤治外伤出血类

本类有56种，如蛇足石杉、华南紫萁、曲轴海金沙（*Lygodium flexuosum*）、海金沙（*L. japonicum*）、小叶海金沙（*L. microphyllum*）、金毛狗、姬蕨（*Hypolepis punctata*）、剑叶凤尾蕨（*Pteris ensiformis*）、傅氏凤尾蕨（*P. fauriei*）、假玉桂（*Celtis timorensis*）、夜花藤（*Hypserpa nitida*）、阴香（*Cinnamomum burmannii*）、黄绒润楠（*Machilus grijsii*）、光叶海桐（*Pittosporum glabratum*）、枫香树、檵木（*Loropetalum chinense*）、粗叶悬钩子（*Rubus alceifolius*）、红背山麻杆（*Alchornea trewioides*）、白背叶、粗糠柴、南酸枣、毛花猕猴桃、八角枫（*Alangium chinense*）和柏拉木（*Blastus cochinchinensis*）等。

⑥治毒蛇咬伤类

本类有56种，如福建观音座莲、三羽新月蕨、单叶对囊蕨（*Deparia lancea*）、狗脊、东方狗脊（*Woodwardia orientalis*）、瓦韦、江南星蕨、小叶买麻藤、毛柱铁线莲（*Clematis meyeniana*）、粉叶轮环藤、苍白秤钩风（*Diploclisia glaucescens*）、细圆藤（*Pericampylus glaucus*）、光叶海桐、合萌（*Aeschynomene indica*）、坡油甘、齿果草（*Salomonia cantoniensis*）、盐肤木（*Rhus chinensis*）、野漆（*Toxicodendron succedaneum*）和铁包金（*Berchemia lineata*）等。

⑦消肿止痛类

本类有30种，如樟、黑壳楠（*Lindera megaphylla*）、红楠（*Machilus thunbergii*）、簕欓花椒（*Zanthoxylum avicennae*）、大叶臭花椒（*Z. myriacanthum*）、白背黄花稔、多花猕猴桃（*Actinidia latifolia*）、岗柃（*Eurya groffii*）、长叶柞木（*Xylosma longifolia*）、八角枫、杜茎山、驳骨丹（*Buddleja asiatica*）、匙羹藤（*Gymnema sylvestre*）、红紫珠（*Callicarpa rubella*）、白英（*Solanum lyratum*）、纤花耳草（*Hedyotis tenelliflora*）和珊瑚树（*Viburnum odoratissimum*）等。

（2）药用部位分类

表6-5 广东青云山药用植物部位类别及种数

Table 6-5 Utilization of organs and number of species of medicinal plants in Qingyun Mountain, Guangdong Province

药用部位类别 Medicinal part types	种数 Species number	所占比例(%) Percent (%)
全株类	304	51.9
根与根茎类	185	31.6
叶类	131	22.4
茎木类	49	8.4
皮类（树皮类、根皮类、茎皮类）	47	8.0
果类	42	7.2
花类	14	2.4
其他类	20	3.4

注：所占比例为占青云山药用植物总种数的比例。

①全株类

304种，如蛇足石杉、薄叶卷柏（*Selaginella delicatula*）、长叶铁角蕨（*Asplenium prolongatum*）、三羽新月蕨和单叶双盖蕨等。

②根与根茎类

185种，如蛇葡萄（*Ampelopsis glandulosa*）、链珠藤（*Alyxia sinensis*）、络石（*Trachelospermum jasminoides*）、五节芒（*Miscanthus floridulus*）和华山姜（*Alpinia oblongifolia*）等。

③叶类

131种，如乌蕨、瓦韦、悬铃叶苎麻（*Boehmeria tricuspis*）、土牛膝（*Achyranthes aspera*）、短序琼楠（*Beilschmiedia brevipaniculata*）、柳叶润楠（*Machilus salicina*）、圆锥绣球（*Hydrangea paniculata*）、茵芋（*Skimmia reevesiana*）和禾串树（*Bridelia balansae*）等。

④茎木类

49种，如冠盖藤（*Pileostegia viburnoides*）、刺蒴麻（*Triumfetta rhomboidea*）、檫木（*Sassafras tzumu*）、当归藤、黑老虎和楠藤（*Mussaenda erosa*）等。

⑤皮类

47种，包括树皮类、根皮类、茎皮类，如黄杞（*Engelhardia roxburghiana*）、枫杨、阴香、红楠、枫香、香皮树（*Meliosma fordii*）、紫薇（*Lagerstroemia indica*）、羊舌树（*Symplocos glauca*）、黄牛奶树（*S. laurina*）和泡桐（*Paulownia fortunei*）等。

⑥果类

42种，如杨梅、钩锥（*Castanopsis tibetana*）、细叶青冈（*Cyclobalanopsis gracilis*）、楝叶吴萸（*Tetradium glabrifolium*）、野漆、无患子和苍耳（*Xanthium strumarium*）等。

⑦花类

14种，如深山含笑（*Michelia maudiae*）、冠盖藤、鼠刺、檵木、千里香（*Murraya paniculata*）、木芙蓉（*Hibiscus mutabilis*）、细轴荛花（*Wikstroemia nutans*）、桃金娘和忍冬（*Lonicera japonica*）等。

⑧其他类

20种，包括汁液、树脂、果壳、竹茹等，如通奶草（*Euphorbia hypericifolia*）、粉单竹（*Bambusa chungii*）、越南安息香（*Styrax tonkinensis*）、黄樟、白蜡树（*Fraxinus chinensis*）、栓皮栎和粗糠柴等。

三、食用植物资源

食用植物资源的定义较为广泛，又可根据其具体的功能细分为不同的部分。例如，淀粉植物资源、植物蛋白质及氨基酸资源、维生素类植物资源、芳香油类植物资源、蜜源植物类资源等。

淀粉类植物资源主要是指淀粉类含量较高的植物。在青云山主要为壳斗科、蝶形花科、禾本科、天南星科等。其中壳斗科植物主要是种子中淀粉含量较高。蝶形花科中的豆薯（*Pachyrhizus erosus*），在该地有栽培，其块根富含淀粉，可用于制作豆薯粉。天南星科中的芋（*Colocasia esculenta*）同样块茎中淀粉含量较高。

该地区植物资源中蛋白质氨基酸含量丰富的植物种类主要集中在蝶形花科、苋科和禾本科。其中圆叶野扁豆（*Dunbaria rotundifolia*）、鸡眼草的茎叶中粗蛋白含量较高，可以用作饲草或者绿肥。薏苡（*Coix lacryma-jobi*）、马唐（*Digitaria sanguinalis*）等植物在花（果）期时茎秆粗蛋白及总氨基酸含量较高，是牛、羊喜食的草料（朱太平等，2007）。

该地维生素类植物主要以猕猴桃属、山茶属为主。猕猴桃属植物维生素含量较高，尤其是维生素C含量十分丰富（朱太平等，2007）。同时保护区范围内野生茶分布较多。蔷薇科的悬钩子属植物，果实可食，维生素 C 含量较高。

芳香油类植物资源主要是以樟科、芸香科、姜科等为主。樟科植物中樟属植物枝叶中芳香油含量较高，山鸡椒（*Litsea cubeba*）主要是果中精油含量较高，但是不同的采摘时间对果中含油量有一定的影响。芸香科植物主要是叶片、花及果实中油含量较高且香味浓郁。姜科植物芳香油主要集中在根茎部位。

该地区蜜源植物丰富，春季的蜜源植物较多，比如杜鹃属植物，蜜为浅琥珀色，蜜质优良。冬季的蜜源植物主要有鹅掌柴（*Schefflera heptaphylla*）、枇杷（*Eriobotrya japonica*）及柃属等。其中柃属植物花香、蜜粉丰富属于较特殊的冬季蜜源植物。

四、材用植物资源

青云山自然保护区的材用植物资源有马尾松、杉木、木荷、枫香、赤杨叶等。老隆山林场等地有杉木人工林。杉木易加工、耐久性强，是良好的木材。马尾松林主要是以天然林为主，其木材可用于制作枕木等。木荷因其木材含水量较高，故多栽种在山脊防火线上，其木材干燥后易翘裂，但与胶和油漆的接连性较好。赤杨叶材质较轻软，且不耐腐蚀，多用于造纸等。

第二节　植物资源的保护与合理利用

植物是我们生活中必不可少的一部分，如何合理地保护及利用植物资源也成为了现今的热点问题。生境碎片化、气候的改变都对植物的生存带来不小的危机，自然保护区的主要功能就是保护植物多样性，保护生境的完整性及多样性。青云山自然保护区具有丰富的植物资源，在掌握了各类资源的分布情况及蕴藏量之后，如何保护和利用这些资源就成了我们面临的问题。

目前我国园林绿化植物多使用外来植物，乡土植物使用极少。乡土植物对于当地气候环境条件适应性较强，后期养护管理成本较低，且极具地方色彩。本地区具有丰富的观赏植物资源，可以从这些种类中筛选出一部分进行人工繁育，将其应用到当地园林绿化当中。如此一来，既能有效保护植物多样性，还能彰显地方特色。在保护区内可以建立小型的繁育基地，在保存种质资源的同时，还可以进行繁育研究。

该地区药用植物资源极为丰富，且有民间用药的传统，但是目前民间用药多以野外采挖为主。且由上一节的分析可知，该地使用较多的药用植物主要是以根、茎及全株类入药的种类居多。采挖行为对它们的生存和繁殖极为不利，尤其是七叶一枝花、巴戟天、金线兰这类珍稀濒危植物。对于这类珍稀濒危药用植物，可以对其分布较多的地区建立保护小区，进行精细化的保护，还可设立固定样方，监测其种群动态变化，为今后的保护和利用提供科学依据。同时还应加强对周围村民的宣传教育，引导村民建立合理使用传统药材的观念，尽量减少对野生植被的破坏，严禁采挖珍稀濒危植物。另外，建议定期进行保护植物的宣讲，使村民建立保护植物的观念，提高村民的保护意识，只有让村民一起参与保护中来，才能减少采挖行为的发生。

青云山自然保护区植物资源较为丰富，生境保存较为完好，是生物多样性的宝库。我们应该在保护的同时加强科学研究，吸引更多的科研人员来这里建立科学观测点，积累基础资料，为今后的研究提供基础的科学依据，同时使其发挥更大的科研价值。

第七章　植物物种多样性编目

编写说明：

1. 分类系统：石松类和蕨类植物按 "*Flora of China*" [中国植物志（英文版）]（2013）和张宪春（2012）分类系统，裸子植物按郑万钧分类系统（1978年），被子植物按哈钦松分类系统，科下分类单元按英文字母先后顺序排序。

2. 历史标本：查阅中国科学院华南植物园标本馆（IBSC）的标本记录。

3. 科名前的数字表示各系统科的排列序号。

4. 种名前 "*" 表示栽培种或入侵种。

5. 除标明外，所有凭证标本均藏于中国科学院华南植物园标本馆。

6. 分布地点后面，括号内的数字表示标本采集号。

石松类和蕨类植物 Lycophytes and Ferns

（一）石松类 Lycophytes

P1. 石松科 Lycopodiaceae

石杉属 Huperzia Bernh.

蛇足石杉 Huperzia serrata (Thunb.) Trevis.

青云山（杜晓洁等375），科普教育径，坝后水电站后的山沟，雷公礤山脚。少见。

藤石松属 Lycopodiastrum Holub ex R. D. Dixit

藤石松 Lycopodiastrum casuarinoides (Spring) Holub ex R. D. Dixit

雷公礤（杜晓洁等141）。少见。

石松属 Lycopodium L.

垂穗石松 Lycopodium cernuum L.

青云山，雷公礤，科普教育径，跃进水电站。多见。

P3. 卷柏科 Selaginellaceae

卷柏属 Selaginella P. Beauv.

薄叶卷柏 Selaginella delicatula (Desv. ex Poir.) Alston

科普教育径（杜晓洁等17），罗庚坪村（杜晓洁等850；杜晓洁等2017/4/7 SF3），青山口水电站。常见。

深绿卷柏 Selaginella doederleinii Hieron.

出保护站公路旁的山沟（杜晓洁等286），十三公里水沟，雷公礤山脚。常见。

疏松卷柏 Selaginella effusa Alston

罗庚坪村（杜晓洁等2017/4/8 SF6）。少见。

江南卷柏 Selaginella moellendorffii Hieron.

科普教育径（杜晓洁等16），出保护区公路（杜晓洁等996），罗庚坪村（杜晓洁等2017/4/8 SF3）。常见。

伏地卷柏 Selaginella nipponica Franch. et Sav.

科普教育径（杜晓洁等2017/8/7上午 SF2）。少见。

剑叶卷柏 Selaginella xipholepis Baker

出保护区公路（杜晓洁等995），跃进水电站—园洞村（杜晓洁等696）。少见。

（二）蕨类 Ferns

P4. 木贼科 Equisetaceae

木贼属 Equisetum L.

节节草 Equisetum ramosissimum Desf.

中洞。少见。

笔管草 Equisetum ramosissimum subsp. **debile** (Roxb. ex Vaucher) Hauke

保护站办公室附近（杜晓洁等205）。少见。

P7. 合囊蕨科 Marattiaceae

莲座蕨属 Angiopteris Hoffm.

福建莲座蕨（福建观音坐莲）Angiopteris fokiensis Hieron.

出保护站公路旁的山沟（杜晓洁等277），老隆山电站二级站后山（杜晓洁等903；杜晓洁等2017/4/11 SF11）。常见。

P8. 紫萁科 Osmundaceae

紫萁属 Osmunda L.

紫萁 Osmunda japonica Thunb.

青云村—荷包角—青云山（杜晓洁等2016/9/9 SF24）。常见。

华南紫萁 Osmunda vachellii Hook.

葛坑（杜晓洁等1110），科普教育径（杜晓洁等2016/9/6 SF25），食水坑。常见。

P10. 里白科 Gleicheniaceae

芒萁属 Dicranopteris Bernh.

芒萁 Dicranopteris pedata (Houtt.) Nakaike

　　葛坑（杜晓洁等488），雷公礤，青云山。常见。

里白属 Diplopterygium (Diels) Nakai

阔片里白 Diplopterygium blotianum (C. Chr.) Nakai

　　青云山（杜晓洁等400），园洞水库土山。常见。

中华里白 Diplopterygium chinensis (Rosenst.) De Vol

　　科普教育径（杜晓洁46号等），雷公礤（杜晓洁等174）。常见。

P12. 海金沙科 Lygodiaceae

海金沙属 Lygodium Sw.

曲轴海金沙 Lygodium flexuosum (L.) Sw.

　　苦竹坳村路上的山沟（杜晓洁等2017/4/11 SF8）。常见。

海金沙 Lygodium japonicum (Thunb.) Sw.

　　保护站办公室附近（杜晓洁等206），青云山，跃进水库。常见。

小叶海金沙 Lygodium microphyllum (Cav.) R. Br.

　　出保护站公路旁的山沟（杜晓洁等285），跃进水电站—园洞村（杜晓洁等676）。较常见。

P16. 瘤足蕨科 Plagiogyriaceae

瘤足蕨属 Plagiogyria (Kunze) Mett.

瘤足蕨 Plagiogyria adnata (Blume) Bedd.

　　坝后水电站后的山沟（杜晓洁等1013）。少见。

华东瘤足蕨 Plagiogyria japonica Nakai

　　雷公礤（杜晓洁等128）。少见。

P17. 金毛狗蕨科 Cibotiaceae

金毛狗属 Cibotium Kaulf.

金毛狗 Cibotium barometz (L.) J. Sm.

　　出保护站公路旁的山沟（杜晓洁等299），葛坑（杜晓洁等1112），园洞水坝。常见。

P18. 桫椤科 Cyatheaceae

桫椤属 Alsophila R. Br.

粗齿桫椤 Alsophila denticulata Baker

科普教育径（杜晓洁等47；杜晓洁等947），坝后水电站后的山沟（杜晓洁等1023），基站，食水坑。常见。

桫椤 Alsophila spinulosa (Wall. ex Hook.) R. M. Tryon

苦竹坳村后的山沟（杜晓洁等891）。罕见。

P19. 鳞始蕨科 Lindsaeaceae

鳞始蕨属 Lindsaea Dryand. ex Sm.

剑叶鳞始蕨 Lindsaea ensifolia Sw.

雷公礤（杜晓洁等184）。常见。

异叶鳞始蕨 Lindsaea heterophylla Dryand.

雷公礤（杜晓洁等171），青云山。常见。

团叶鳞始蕨 Lindsaea orbiculata (Lam.) Mett. ex Kuhn

雷公礤（杜晓洁等172），青云山。常见。

乌蕨属 Odontosoria Fée

乌蕨 Odontosoria chinensis (L.) J. Sm.

食水坑（杜晓洁等196），园洞水坝，葛坑，跃进水库，青山口水电站。很常见。

P20. 碗蕨科 Dennstaedtiaceae

碗蕨属 Dennstaedtia Bernh.

细毛碗蕨 Dennstaedtia hirsuta (Sw.) Mett. ex Miq.

出保护站公路旁的山沟（杜晓洁等990）。少见。

光叶碗蕨 Dennstaedtia scabra var. **glabrescens** (Ching) C. Chr.

雷公礤（杜晓洁等103）。少见。

姬蕨属 Hypolepis Bernh.

姬蕨 Hypolepis punctata (Thunb.) Mett.

雷公礤（杜晓洁等139），出保护站公路（杜晓洁等988）。少见。

鳞盖蕨属 Microlepia C. Presl

虎克鳞盖蕨 Microlepia hookeriana (Wall. ex Hook.) C. Presl

跃进水库（杜晓洁等614）。少见。

边缘鳞盖蕨 **Microlepia marginata** (Panz.) C. Chr.

青云山（杜晓洁等429），科普教育径（杜晓洁等949），老隆山二级电站（杜晓洁等1270）。常见。

粗毛鳞盖蕨 **Microlepia strigosa** (Thunb.) C. Presl

出保护站公路旁的山沟（杜晓洁等284）。少见。

稀子蕨属 **Monachosorum** Kunze

稀子蕨 **Monachosorum henryi** Christ

出保护站公路旁的山沟（杜晓洁等282等）。少见。

蕨属 **Pteridium** Gled. ex Scop.

蕨 **Pteridium aquilinum** var. **latiusculum** (Desv.) Underw. ex A. Heller

苦竹坳村（杜晓洁等537）。常见。

P21. 凤尾蕨科 Pteridaceae

铁线蕨属 **Adiantum** L.

扇叶铁线蕨 **Adiantum flabellulatum** L.

雷公礤（杜晓洁等2016/9/7 SF75）。常见。

粉背蕨属 **Aleuritopteris** Fée

粉背蕨 **Aleuritopteris anceps** (Blanf.) Panigrahi

出保护站公路（杜晓洁等1240）。少见。

凤了蕨属 **Coniogramme** Fée

凤了蕨 **Coniogramme japonica** (Thunb.) Diels

雷公礤山脚（杜晓洁等177）。少见。

书带蕨属 **Haplopteris** C. Presl

书带蕨 **Haplopteris flexuosa** (Fée) E. H. Crane

出保护站公路旁的山沟（杜晓洁等297），青云山（杜晓洁等2016/9/9 SF28）。少见。

栗蕨属 **Histiopteris** (J. Agardh) J. Sm.

栗蕨 **Histiopteris incisa** (Thunb.) J. Sm.

苦竹坳村（杜晓洁等521），出保护站公路（杜晓洁等2016/9/8 SF15），科普教育径。较少见。

凤尾蕨属 **Pteris** L.

华南凤尾蕨 **Pteris austrosinica** (Ching) Ching

中洞（杜晓洁等1064）。少见。

狭眼凤尾蕨 **Pteris biaurita** L.

出保护站公路（杜晓洁等977），第二座桥十三公里沟。少见。

多羽凤尾蕨 Pteris decrescens Christ

雷公礤山脚（杜晓洁等1282）。少见。

刺齿半边旗 Pteris dispar Kunze

食水坑（杜晓洁等457），葛坑。少见。

剑叶凤尾蕨 Pteris ensiformis Burm. f.

青云山（杜晓洁等397）。常见。

傅氏凤尾蕨 Pteris fauriei Hieron.

雷公礤山脚（杜晓洁等109）。少见。

林下凤尾蕨 Pteris grevilleana Wall. ex J. Agardh

园洞水电站（杜晓洁等2016/9/13 SF23）、科普教育径（杜晓洁等2016/9/6 SF7），坝后水电站后的山沟。常见。

全缘凤尾蕨 Pteris insignis Mett. ex Kuhn

出保护站公路旁的山沟（杜晓洁等280），青山村园洞村小组（杜晓洁等743），科普教育径（杜晓洁等2016/9/6 SF10），出保护站公路，基站。常见。

线羽凤尾蕨 Pteris linearis Poir.

老隆山二级电站（杜晓洁等1264）。少见。

两广凤尾蕨 Pteris maclurei Ching ex Ching et S. H. Wu

青山村园洞村小组（杜晓洁等745）。少见。

岭南凤尾蕨 Pteris maclurioides Ching ex Ching et S. H. Wu

食水坑（杜晓洁等1395）。少见。

井栏边草 Pteris multifida Poir.

雷公礤山脚（杜晓洁等192），保护站办公楼附近。常见。

栗柄凤尾蕨 Pteris plumbea Christ

科普教育径（杜晓洁等948）。少见。

半边旗 Pteris semipinnata L.

跃进水电站—园洞村（杜晓洁等684），葛坑。常见。

溪边凤尾蕨 Pteris terminalis Wall. ex J. Agardh

出保护站公路旁的山沟（杜晓洁等245）。少见。

蜈蚣草 Pteris vittata L.

食水坑（杜晓洁等209），保护站办公楼周围。较常见。

西南凤尾蕨 Pteris wallichiana J. Agardh

园洞旁土山（杜晓洁等1385），食水坑（杜晓洁等1394）。少见。

P23. 铁角蕨科 Aspleniaceae

铁角蕨属 Asplenium L.

狭翅巢蕨 Asplenium antrophyoides Christ

园洞水坝（杜晓洁等941）。罕见。

毛轴铁角蕨 Asplenium crinicaule Hance

出保护站公路旁的山沟（杜晓洁等235；杜晓洁等319），圆洞旁石山（杜晓洁等1344），园洞水电站（杜晓洁等2016/9/13 SF5）。常见。

倒挂铁角蕨 Asplenium normale D. Don

出保护站公路旁的山沟（杜晓洁等232），青山村园洞村小组（杜晓洁等711），园洞隧道旁石山（杜晓洁等1341）。常见。

长叶铁角蕨 Asplenium prolongatum Hook.

出保护站公路旁的山沟（杜晓洁等263），青山口水电站。少见。

假大羽铁角蕨 Asplenium pseudolaserpitiifolium Ching

跃进水电站—园洞村（杜晓洁等665），青山口水电站（杜晓洁等1134；杜晓洁等1138）。少见。

狭翅铁角蕨 Asplenium wrightii D. C. Eaton ex Hook.

科普教育径（杜晓洁等4），葛坑（杜晓洁等1111），雷公礤山脚（杜晓洁等1305）。常见。

P25. 金星蕨科 Thelypteridaceae

星毛蕨属 Ampelopteris Kunze

星毛蕨 Ampelopteris prolifera (Retz.) Copel.

跃进水库（杜晓洁等595）。少见。

毛蕨属 Cyclosorus Link

渐尖毛蕨 Cyclosorus acuminatus (Houtt.) Nakai

保护站办公楼周围（杜晓洁等208）。常见。

齿牙毛蕨 Cyclosorus dentatus (Forssk.) Ching

科普教育径（杜晓洁等946）。少见。

异果毛蕨 Cyclosorus heterocarpus (Blume) Ching

跃进水电站—园洞村（杜晓洁等642），青山村园洞村小组（杜晓洁等741），科普教育径（杜晓洁等954），园洞隧道旁的石山（杜晓洁等1379），园洞水电站、老隆山电站二级站。常见。

宽羽毛蕨 Cyclosorus latipinnus (Benth.) Tardieu

坝后水电站的山沟（杜晓洁等1041；杜晓洁等1042），出保护站公路旁的山沟（杜晓洁等338a）。少见。

华南毛蕨 Cyclosorus parasiticus (L.) Farw.

保护站办公楼周围（杜晓洁等207），坝后水电站后的山沟（杜晓洁等1046）。常见。

糙叶毛蕨 Cyclosorus scaberulus Ching

出保护站公路旁的山沟（杜晓洁等276）。少见。

截裂毛蕨 Cyclosorus truncatus (Poir.) Farw.

出保护站公路旁的山沟（杜晓洁等269；杜晓洁等274）。常见。

圣蕨属 Dictyocline T. Moore

戟叶圣蕨 Dictyocline sagittifolia Ching

科普教育径（杜晓洁等2017/8/7上午SF1）。常见。

羽裂圣蕨 Dictyocline wilfordii (Hook.) J. Sm.

坝后水电站后的山沟（杜晓洁等2017/8/8 SF15）。少见。

针毛蕨属 Macrothelypteris (H. Itô) Ching

普通针毛蕨 Macrothelypteris torresiana (Gaud.) Ching

科普教育径（杜晓洁等960）。少见。

金星蕨属 Parathelypteris (H. Itô) Ching

金星蕨 Parathelypteris glanduligera (Kunze) Ching

雷公礤（杜晓洁等145），坝后水电站后的山沟（杜晓洁等1040）。少见。

卵果蕨属 Phegopteris (C. Presl) Fée

延羽卵果蕨 Phegopteris decursive-pinnata (H. C. Hall) Fée

保护站办公楼附近。少见。

新月蕨属 Pronephrium C. Presl

新月蕨 Pronephrium gymnopteridifrons (Hayata) Holttum

出保护站公路旁的山沟（杜晓洁等266）。少见。

三羽新月蕨 Pronephrium triphyllum (Sw.) Holttum

跃进水库（杜晓洁等604），老隆山电站二级站。少见。

假毛蕨属 Pseudocyclosorus Ching

镰片假毛蕨 Pseudocyclosorus falcilobus (Hook.) Ching

雷公礤山脚（杜晓洁等1314）。少见。

普通假毛蕨 Pseudocyclosorus subochthodes (Ching) Ching

坝后水电站后的山沟（杜晓洁等1036）。少见。

P27. 蹄盖蕨科 Athyriaceae

对囊蕨属 Deparia Hook. et Grev.

东洋对囊蕨（假蹄盖蕨）Deparia japonica (Thunb.) M. Kato [*Athyriopsis japonica* (Thunb.) Ching]

出保护站公路旁的山沟（杜晓洁等349），青云山（杜晓洁等1154）。少见。

单叶对囊蕨（单叶双盖蕨）Deparia lancea (Thunb.) Fraser-Jenk. [*Diplazium subsinuatum* (Wall. ex Hook. et Grev.) Tagawa]

雷公礤（杜晓洁等182），青山村园洞村小组（杜晓洁等727），科普教育径（杜晓洁等950）。常见。

双盖蕨属 Diplazium Sw.

厚叶双盖蕨 Diplazium crassiusculum Ching

科普教育径（杜晓洁等18），跃进水库—园洞村（杜晓洁等664）。少见。

毛柄双盖蕨（膨大短肠蕨）Diplazium dilatatum Blume [*Allantodia dilatata* (Blume) Ching]

科普教育径（杜晓洁等39），青山村园洞村小组（杜晓洁等740），坝后水电站的山沟（杜晓洁等1009）。常见。

光脚双盖蕨（光脚短肠蕨）Diplazium doederleinii (Luerss.) Makino [*Allantodia doederleinii* (Luerss.) Ching]

坝后水电站后的山沟（杜晓洁等1014）。少见。

食用双盖蕨（菜蕨）Diplazium esculentum (Retz.) Sw. [*Callipteris esculenta* (Retz.) J. Sm. ex T. Moore et Houlston]

食水坑（杜晓洁等467），葛坑，青云山。常见。

阔片双盖蕨（阔片短肠蕨）Diplazium matthewii (Copel.) C. Chr. [*Allantodia matthewii* (Copel.) Ching]

跃进水电站—园洞村（杜晓洁等627）。常见。

江南双盖蕨（江南短肠蕨）Diplazium mettenianum (Miq.) C. Christensen [*Allantodia metteniana* (Miq.) Ching]

出保护站公路旁的山沟（杜晓洁等240；杜晓洁等241）。常见。

淡绿双盖蕨（淡绿短肠蕨）Diplazium virescens Kunze [*Allantodia virescens* (Kunze) Ching]

雷公礤（杜晓洁等115），青云山（杜晓洁等425）。常见。

P28. 乌毛蕨科 Blechnaceae

乌毛蕨属 Blechnum L.

乌毛蕨 Blechnum orientale L.

科普教育径，雷公礤山脚，园洞水坝，青云山，葛坑。很常见。

苏铁蕨属 Brainea J. Sm.

苏铁蕨 Brainea insignis (Hook.) J. Sm.

圆洞旁土山（杜晓洁等1386）。罕见。

狗脊属 Woodwardia Sm.

狗脊 Woodwardia japonica (L. f.) Sm.

科普教育径（杜晓洁等43）。常见。

东方狗脊 Woodwardia orientalis Sw.

青云山（杜晓洁等432），罗庚坪村（杜晓洁等851）。少见。

珠芽狗脊 Woodwardia prolifera Hook. et Arn.

葛坑（杜晓洁等497）。少见。

P30. 鳞毛蕨科 Dryopteridaceae

复叶耳蕨属 Arachniodes Blume

斜方复叶耳蕨 Arachniodes amabilis (Blume) Tindale

科普教育径（杜晓洁等48），青云山（杜晓洁等1156），基站（杜晓洁等1204；杜晓洁等2017/4/12 SF9）。常见。

中华复叶耳蕨 Arachniodes chinensis (Rosenst.) Ching

出保护站公路旁的山沟（杜晓洁等242）。少见。

肋毛蕨属 Ctenitis (C. Chr.) C. Chr.

亮鳞肋毛蕨（红鳞肋毛蕨）Ctenitis subglandulosa (Hance) Ching

出保护站公路旁的山沟（杜晓洁等290），青山村园洞村小组（杜晓洁等729），中洞（杜晓洁等2017/8/9下午 SF8）。常见。

贯众属 Cyrtomium C. Presl

镰羽贯众（巴郎耳蕨）Cyrtomium balansae (Christ) C. Chr.

出保护站公路旁的山沟（杜晓洁等292）。少见。

鳞毛蕨属 Dryopteris Adans.

阔鳞鳞毛蕨 Dryopteris championii (Benth.) C. Chr. ex Ching

出保护站公路旁的山沟（杜晓洁等246），老隆山电站二级站。常见。

桫椤鳞毛蕨 Dryopteris cycadina (Franch. et Sav.) C. Chr.

雷公礤（杜晓洁等110）。少见。

迷人鳞毛蕨 Dryopteris decipiens (Hook.) Kuntze

科普教育径（杜晓洁等56），出保护站公路旁的山沟（杜晓洁等250），跃进水电站—园洞村（杜晓洁等650），青山村园洞村小组（杜晓洁等748）。常见。

黑足鳞毛蕨 Dryopteris fuscipes C. Chr.

科普教育径（杜晓洁等2016/9/6 SF11）。少见。

平行鳞毛蕨 **Dryopteris indusiata** (Makino) Makino et Yamam.

雷公礤（杜晓洁等107；杜晓洁等118），出保护站公路旁的山沟（杜晓洁等300）。常见。

鱼鳞鳞毛蕨 **Dryopteris paleolata** (Pic. Serm.) Li Bing Zhang (*Acrophorus paleolatus* Pic. Serm.)

科普教育径（杜晓洁等6）。少见。

稀羽鳞毛蕨 **Dryopteris sparsa** (D. Don) Kuntze

青云山（杜晓洁等363），坝后水电站后的山沟（杜晓洁等1022）。少见。

华南鳞毛蕨 **Dryopteris tenuicula** C. G. Matthew et Christ

出保护站公路旁的山沟（杜晓洁279）。少见。

耳蕨属 Polystichum Roth

灰绿耳蕨 **Polystichum scariosum** (Roxb.) C. V. Morton

出保护站公路旁的山沟（杜晓洁等315）。少见。

对马耳蕨 **Polystichum tsus-simense** (Hook.) J. Sm.

出保护站公路旁的山沟（杜晓洁等267）。少见。

P32. 肾蕨科 Nephrolepidaceae
肾蕨属 Nephrolepis Schott

肾蕨 **Nephrolepis cordifolia** (L.) C. Presl

保护站办公楼周围（杜晓洁等190）。少见。

P33. 三叉蕨科 Tectariaceae
叉蕨属 Tectaria Cav.

下延叉蕨 **Tectaria decurrens** (C. Presl) Copel.

跃进水库—园洞村（杜晓洁等658）。少见。

沙皮蕨 **Tectaria harlandii** (Hook.) C. M. Kuo

中洞（杜晓洁等1086）。少见。

P35. 骨碎补科 Davalliaceae
骨碎补属 Davallia Sm.

大叶骨碎补 **Davallia divaricata** Blume

跃进水库—园洞村（杜晓洁等666），园洞隧道旁石山（杜晓洁等1339）。少见。

阴石蕨属 Humata Cav.

圆盖阴石蕨 **Humata griffithiana** (Hook.) C. Chr.

出保护站公路旁的山沟（杜晓洁等281），苦竹坳村（杜晓洁等536），跃进水库—园洞村（杜晓洁636），
罗庚坪村（杜晓洁等811）。常见。

P36. 水龙骨科 Polypodiaceae

连珠蕨属 Aglaomorpha Schott

崖姜 Aglaomorpha coronans (Wall. ex Mett.) Copel.

园洞水坝（杜晓洁等934），跃进水电站—园洞村（2016/9/13 SF21）。少见。

节肢蕨属 Arthromeris (T. Moore) J. Sm.

龙头节肢蕨 Arthromeris lungtauensis Ching

青云山（杜晓洁等364）。少见。

伏石蕨属 Lemmaphyllum C. Presl

伏石蕨 Lemmaphyllum microphyllum C. Presl

园洞隧道旁石山（杜晓洁等1377），青云山（杜晓洁等2017/8/11 SF21）。少见。

骨牌蕨 Lemmaphyllum rostratum (Bedd.) Tagawa

葛坑（杜晓洁等788）。少见。

鳞果星蕨属 Lepidomicrosorium Ching et K. H. Shing

鳞果星蕨 Lepidomicrosorium buergerianum (Miq.) Ching et K. H. Shing ex S. X. Xu

葛坑（杜晓洁等787）。少见。

瓦韦属 Lepisorus (J. Sm.) Ching

瓦韦 Lepisorus thunbergianus (Kaulf.) Ching

园洞隧道旁的石山（杜晓洁等1378）。少见。

薄唇蕨属 Leptochilus Kaulf.

线蕨 Leptochilus ellipticus (Thunb.) Noot.

雷公礤（杜晓洁等131），园洞水坝（杜晓洁等944）。少见。

断线蕨 Leptochilus hemionitideus (C. Presl) Noot.

跃进水库（杜晓洁等576）。少见。

胄叶线蕨 Leptochilus × hemitomus (Hance) Noot.

老隆山电站二级站（杜晓洁等2018/1/3下午无号标本）。少见。

褐叶线蕨 Leptochilus wrightii (Hooker et Baker) X. C. Zhang

食水坑（杜晓洁等1393）。少见。

盾蕨属 Neolepisorus Ching

盾蕨 Neolepisorus ensatus (Thunb.) Ching

苦竹坳村后的山沟（杜晓洁等2017/4/11下午 SF9）。少见。

江南星蕨 Neolepisorus fortunei (T. Moore) L. Wang

科普教育径（杜晓洁等86），青云山（杜晓洁等440）。常见。

水龙骨属 **Polypodiodes** Ching

友水龙骨 Polypodiodes amoena (Wall. ex Mett.) Ching

苦竹坳村（杜晓洁等541）。少见。

石韦属 **Pyrrosia** Mirb.

石韦 Pyrrosia lingua (Thunberg) Farw.

出保护站公路旁的山沟（杜晓洁等310），园洞隧道旁的石山（杜晓洁等1376）。少见。

修蕨属 **Selliguea** Bory

金鸡脚假瘤蕨 Selliguea hastata (Thunb.) Fraser-Jenk.

跃进水电站—园洞村（杜晓洁等659）。少见。

裸子植物 Gymnosperms

G1 苏铁科 **Cycadaceae**

苏铁属 **Cycas** L.

***仙湖苏铁 Cycas fairylakea** D. Y. Wang

基站（杜晓洁等756）。少见。

G.4 松科 **Pinaceae**

松属 **Pinus** L.

马尾松 Pinus massoniana Lamb.

雷公礤（杜晓洁等155），青云山（刘心祈2257）。很常见。

***黑松 Pinus thunbergii** Parl.

青云山（杜晓洁等391）。

G.5 杉科 **Taxodiaceae**

杉木属 **Cunninghamia** R. Br. ex A. Rich.

杉木 Cunninghamia lanceolata (Lamb.) Hook.

青云山（刘心祈633；刘心祈2189），跃进水库（杜晓洁等571），葛坑（杜晓洁等2016/9/10 SF12）。常见。

G.11 买麻藤科 **Gnetaceae**

买麻藤属 **Gnetum** L.

罗浮买麻藤 Gnetum luofuense C. Y. Cheng

出保护站公路旁的山沟（杜晓洁等320），下斜村（杜晓洁等1126）。少见。

小叶买麻藤 **Gnetum parvifolium** (Warb.) C. Y. Cheng ex Chun

青山口水电站（杜晓洁等1247等），老隆山水电站二级电站。少见。

被子植物 Angiosperms

1. 木兰科 Magnoliaceae

木莲属 **Manglietia** Blume

木莲 **Manglietia fordiana** Oliv.

基站（杜晓洁等907；杜晓洁等2016/12/21 SF3），雷公礤（杜晓洁等2016/9/7 SF98），青云山（杜晓洁等2017/8/11X SF6），科普教育径。常见。

含笑属 **Michelia** L.

乐昌含笑 **Michelia chapensis** Dandy

坝后水电站后的山沟（杜晓洁等2017/8/8 SF28）。少见。

金叶含笑 **Michelia foveolata** Merr. ex Dandy

雷公礤，出保护站公路。少见。

深山含笑 **Michelia maudiae** Dunn

雷公礤（杜晓洁等2016/9/7 SF90），青云山（杜晓洁等2017/8/11X SF16）。少见。

观光木 **Michelia odora** (Chun) Noot. et B. L. Chen (*Tsoongiodendron odorum* Chun)

青山村园洞村小组（杜晓洁等751），下斜村，基站。少见。

野含笑 **Michelia skinneriana** Dunn

青云山（杜晓洁等436），食水坑（杜晓洁等1391），坝后水电站后的山沟（杜晓洁等2017/8/8 SF35），园洞村小组。常见。

3. 五味子科 Schisandraceae

冷饭藤属 **Kadsura** Kaempf. ex Juss.

冷饭藤 **Kadsura oblongifolia** Merr.

基站（杜晓洁等1174）。少见。

黑老虎 **Kadsura coccinea** (Lem.) A. C. Smith

青山村园洞村小组（叶育石等724；杜晓洁等2016/12/20 SF9）。少见。

南五味子 **Kadsura longipedunculata** Finet et Gagnep.

科普教育径（杜晓洁等45）。少见。

五味子属 **Schisandra** Michx.

绿叶五味子 **Schisandra arisanensis** subsp. **viridis** (A. C. Smith) R. M. K. Saunders

出保护站公路（杜晓洁等965），坝后水电站后的山沟（杜晓洁等1004）。少见。

8. 番荔枝科Annonaceae

鹰爪花属 Artabotrys R. Br. ex Ker

香港鹰爪花 Artabotrys hongkongensis Hance

园洞隧道旁的土山（杜晓洁等1359），雷公礤（杜晓洁等2016/9/7 SF137）。少见。

假鹰爪属 Desmos Lour.

假鹰爪 Desmos chinensis Lour.

园洞隧道旁的土山（杜晓洁等1352）。少见。

瓜馥木属 Fissistigma Griff.

瓜馥木 Fissistigma oldhamii (Hemsl.) Merr.

跃进水电站—园洞村（杜晓洁等647），葛坑（杜晓洁等797），食水坑（杜晓洁等2016/9/10 SF13），科普教育径（杜晓洁等2016/9/6 SF14）。常见。

香港瓜馥木 Fissistigma uonicum (Dunn) Merr.

科普教育径（杜晓洁等2017/8/7 SF1），葛坑，雷公礤。常见。

紫玉盘属Uvaria L.

光叶紫玉盘Uvaria boniana Finet et Gagnep.

青云山公路旁山谷。少见。

11. 樟科 Lauraceae

琼楠属 Beilschmiedia Nees

广东琼楠 Beilschmiedia fordii Dunn

老隆山水电站二级电站（杜晓洁等1258）。少见。

网脉琼楠 Beilschmiedia tsangii Merr.

青云山（杜晓洁等2016/9/9 SF25），苦竹坳村。少见。

樟属 Cinnamomum Schaeff.

毛桂 Cinnamomum appelianum Schewe

雷公礤山脚（杜晓洁等1298），苦竹坳村后的山沟（2017/4/11上午 SF1），科普教育径（杜晓洁等2016/9/6 SF17），基站。常见。

阴香 Cinnamomum burmannii (Nees et T. Nees) Blume

雷公礤，苦竹坳村。少见。

樟 Cinnamomum camphora (L.) J. Presl

跃进水电站（杜晓洁等910）。少见。

野黄桂 Cinnamomum jensenianum Hand.-Mazz.

雷公礤山脚（杜晓洁等1313）。少见。

黄樟 Cinnamomum parthenoxylon (Jack) Meisn.

出保护站公路旁的山沟（杜晓洁等340），基站（杜晓洁等2016/12/21 SF1），坝后水电站后的山沟。常见。

辣汁树 Cinnamomum tsangii Merr.

雷公礤（杜晓洁等2016/9/7 SF139）。少见。

粗脉桂 Cinnamomum validinerve Hance

跃进水库（杜晓洁等2016/9/12 SF16），食水坑（杜晓洁等2016/9/7 SF107）。少见。

厚壳桂属 Cryptocarya R. Br.

厚壳桂 Cryptocarya chinensis (Hance) Hemsl.

科普教育径，圆洞旁土山。少见。

硬壳桂 Cryptocarya chingii Cheng

出保护站公路旁的山沟（杜晓洁等293），园洞隧道旁的土山（杜晓洁等1365）。少见。

黄果厚壳桂 Cryptocarya concinna Hance

跃进水电站—园洞村（杜晓洁等628），园洞隧道旁的土山。少见。

丛花厚壳桂 Cryptocarya densiflora Blume

园洞隧道旁的土山（杜晓洁等1351），青云山（杜晓洁等2017/8/11 SF10）。少见。

山胡椒属 Lindera Thunb.

乌药 Lindera aggregata (Sims) Kosterm

园洞隧道旁的土山（杜晓洁等1331），跃进水库（杜晓洁等2016/9/12 SF4）。

香叶树 Lindera communis Hemsl.

跃进水库（杜晓洁等558），苦竹坳村，青云山。少见。

黑壳楠 Lindera megaphylla Hemsl.

园洞水坝（杜晓洁等982），科普教育径（杜晓洁等2016/9/6 SF31），出保护区公路，科普教育径，青山口电站，园洞旁土山石山。常见。

毛黑壳楠 Lindera megaphylla Hemsl. f. touyunensis (Lévl.) Rehd.

出保护站旁公路旁的山沟（杜晓洁等2016/9/8 SF12；杜晓洁等2016/9/8 SF18）。少见。

滇粤山胡椒 Lindera metcalfiana Allen

基站（杜晓洁等1181），苦竹坳村（杜晓洁等2016/9/11 SF10），科普教育径（杜晓洁等2017/8/7 SF15），葛坑。常见。

绒毛山胡椒 Lindera nacusua (D. Don) Merr.

青云山（杜晓洁等1150）。少见。

木姜子属 Litsea Lam.

尖脉木姜子 Litsea acutivena Hayata

基站（杜晓洁等1214），雷公礤（杜晓洁等2016/9/7 SF110）。少见。

山鸡椒 Litsea cubeba (Lour.) Pers.

跃进水库（杜晓洁等610），青云山（杜晓洁等1157），出保护站公路（杜晓洁等1235）。常见。

黄丹木姜子 Litsea elongata (Wall ex Nees) Benth. et Hook. f.

出保护站公路旁的山沟（杜晓洁等2016/9/8 SF3），青云山（杜晓洁等2017/8/11X SF7）。少见。

华南木姜子 Litsea greenmaniana C. K. Allen

雷公礤山脚。少见。

广东木姜子 Litsea kwangtungensis H. T. Chang

基站（杜晓洁等1209），雷公礤，保护站办公楼附近。常见。

竹叶木姜子 Litsea pseudoelongata Liou

雷公礤（杜晓洁等2016/9/7 SF105），青云山，基站，园洞隧道旁的土山。常见。

黄椿木姜子 Litsea variabilis Hemsl.

食水坑（杜晓洁等2016/9/10 SF3），科普教育径，葛坑。常见。

润楠属 Machilus Rumph. ex Nees

短序润楠 Machilus breviflora (Benth.) Hemsl.

青云山（杜晓洁等2016/9/9 SF1a）。常见。

浙江润楠 Machilus chekiangensis S. K. Lee

葛坑（杜晓洁等869），青云山（杜晓洁等1151），园洞隧道旁的土山（杜晓洁等1345），坝后水电站后的山沟（杜晓洁等2017/8/8 SF10），青云山。常见。

华润楠 Machilus chinensis (Champ. ex Benth.) Hemsl.

基站（杜晓洁等1171），雷公礤（杜晓洁等2016/9/7 SF151），青云山（杜晓洁等2016/9/9 SF18）。常见。

黄绒润楠 Machilus grijsii Hance

葛坑（杜晓洁等791），罗庚坪村（杜晓洁等838）。常见。

薄叶润楠 Machilus leptophylla Hand.-Mazz.

雷公礤（杜晓洁等2016/9/7 SF100），青山口水电站—下斜村（杜晓洁等2017/8/10 SF19），出保护站公路（杜晓洁等2017/8/7 SF14）。常见。

建润楠 Machilus oreophila Hance

坝后水电站后的山沟（杜晓洁等2017/8/8 SF29），青云山。少见。

凤凰润楠 Machilus phoenicis Dunn

青云山（杜晓洁等2016/9/9 SF26；杜晓洁等2016/9/9 SF38）。少见。

粗壮润楠 Machilus robusta W. W. Sm.

园洞水坝（杜晓洁等929），雷公礤山脚（杜晓洁等1301），园洞隧道旁的土山（杜晓洁等1327），跃进水电站—园洞村（杜晓洁等2016/9/13 SF17），青云山（杜晓洁等2017/8/11 SF23），雷公礤，青山口水电站。常见。

柳叶润楠 Machilus salicina Hance

出保护站公路旁的山沟（杜晓洁等2016/9/8 SF27）。少见。

红楠 Machilus thunbergii Siebold et Zucc.

雷公礤（杜晓洁等2016/9/7 SF96），青云山（杜晓洁等2016/9/9 SF32），坝后水电站后的山沟（杜晓洁等2017/8/8 SF21），园洞旁的土山。常见。

绒毛润楠 Machilus velutina Champ. ex Benth.

苦竹坳村后的山沟（杜晓洁等898），雷公礤山脚（杜晓洁等1302）。常见。

新木姜子属 Neolitsea Merr.

美丽新木姜子 Neolitsea pulchella (Meissn.) Merr.

苦竹坳村（杜晓洁等559），基站（杜晓洁等1169；杜晓洁等1216），雷公礤（杜晓洁等2016/9/7 SF101），青云山（杜晓洁等2016/9/9 SF40；杜晓洁等2017/8/11X SF2），苦竹坳村后的山沟（杜晓洁等2017/4/11上午SF6）。常见。

新木姜子 Neolitsea aurata (Hayata) Koidz.

青云山（杜晓洁等359），基站（杜晓洁等2016/12/21 SF1）。少见。

锈叶新木姜子 Neolitsea cambodiana Lec.

葛坑（杜晓洁等481），跃进水电站—园洞村（杜晓洁等639），园洞隧道旁的土山（杜晓洁等1373），苦竹坳村后的山沟（杜晓洁等2017/4/11 SF4(1)）。常见。

鸭公树 Neolitsea chui Merr.

雷公礤（杜晓洁等126；杜晓洁等2016/9/7 SF84），科普教育径。常见。

大叶新木姜子 Neolitsea levinei Merr.

雷公礤（杜晓洁等181），中洞（杜晓洁等2017/8/9 SF1）。少见。

显脉新木姜子 Neolitsea phanerophlebia Merr.

老隆山水电站二级电站（杜晓洁等1256），雷公礤，科普教育径，基站。常见。

楠属 Phoebe Nees

闽楠 Phoebe bournei (Hemsl.) Y. C. Yang

雷公礤山脚（杜晓洁等1295）。罕见。

紫楠 Phoebe sheareri (Hemsl.) Gamble

青云山（杜晓洁等355）。少见。

蔊菜属 Rorippa Scop.

蔊菜（塘葛菜）Rorippa indica (L.) Hiern

食水坑（杜晓洁等195），跃进水库（杜晓洁等578）。较常见。

40. 堇菜科 Violaceae

堇菜属 Viola L.

如意草 Viola arcuata Blume

出保护站公路旁的山沟（杜晓洁等255），科普教育径（杜晓洁等786a），雷公礤山脚（杜晓洁等1324）。常见。

深圆齿堇菜 Viola davidii Franch.

科普教育径（杜晓洁等94），园洞水坝（杜晓洁等926）。少见。

七星莲 Viola diffusa Ging.

出保护站公路旁的山沟（杜晓洁等314），科普教育径（杜晓洁等770）。常见。

长萼堇菜 Viola inconspicua Blume

罗庚坪村（杜晓洁等814），雷公礤山脚（杜晓洁等1323）。常见。

南岭堇菜 Viola nanlingensis J. S. Zhou et F. W. Xing

青云山（杜晓洁等409）。少见。

三角叶堇菜 Viola triangulifolia W. Beck.

葛坑（杜晓洁等786），雷公礤（杜晓洁等882；杜晓洁等1325）。常见。

42. 远志科 Polygalaceae

远志属 Polygala L.

华南远志 Polygala chinensis L.

苦竹坳村（杜晓洁等2016/9/11 SF18）。少见。

黄花倒水莲 Polygala fallax Hemsl.

雷公礤（杜晓洁等169）。少见。

齿果草属 Salomonia Lour.

齿果草 Salomonia cantoniensis Lour.

出保护站的公路（杜晓洁等994a）。少见。

黄叶树属 Xanthophyllum Roxb.

黄叶树 Xanthophyllum hainanense H. H. Hu

雷公礤山脚（杜晓洁等1317）。少见。

45. 景天科 Crassulaceae

景天属 Sedum L.

东南景天 Sedum alfredii Hance

出保护站公路旁的山沟（杜晓洁等311）。常见。

珠芽景天 Sedum bulbiferum Makino

出保护站公路旁的山沟（杜晓洁等265）。常见。

48. 茅膏菜科 Droseraceae

茅膏菜属 Drosera L.

茅膏菜 Drosera peltata Sm. ex Willd.

雷公礤山顶（杜晓洁等2016/9/7 SF3a）。少见。

53. 石竹科 Caryophyllaceae

卷耳属 Cerastium L.

簇生泉卷耳 Cerastium fontanum subsp. **vulgare** (Hartm.) Greuter et Burdet

葛坑（杜晓洁等782a）。常见。

鹅肠菜属 Myosoton Moench

鹅肠菜 Myosoton aquaticum (L.) Moench

出保护站公路旁的山沟（杜晓洁等321）。常见。

繁缕属 Stellaria L.

雀舌草 Stellaria alsine Grimm

十三公里水沟（杜晓洁等1225）。少见。

繁缕 Stellaria media (L.) Villars

出保护站公路旁的山沟（杜晓洁等341）。少见。

54. 粟米草科 Molluginaceae

粟米草属 Mollugo L.

粟米草 Mollugo pentaphylla L.

老隆山水电站二级电站（杜晓洁等764）。少见。

57. 蓼科 Polygonaceae

金线草属 Antenoron Raf.

金线草 Antenoron filiforme (Thunb.) Rob. et Vaut.

科普教育径（杜晓洁等12），青山村园洞村小组（杜晓洁等733），细水山（刘心祈24326）。常见。

荞麦属 **Fagopyrum** Mill.

荞麦 **Fagopyrum esculentum** Moench

苦竹坳村（杜晓洁等535），细水山（刘心祈24327）。少见。

蓼属 **Polygonum** L.

火炭母 **Polygonum chinense** L.

中洞（杜晓洁等1055），苦竹坳村后的山沟（杜晓洁等2017/4/11上午SF3），黄竹岔（刘心祈614；刘心祈2038）。很常见。

长箭叶蓼 **Polygonum hastatosagittatum** Makino

保护站办公楼附近（杜晓洁等198），雷公礤，老隆山水电站。常见。

水蓼 **Polygonum hydropiper** L.

科普教育径（杜晓洁等52），青云山园洞村小组（杜晓洁等704；杜晓洁等750），罗庚坪村（杜晓洁等841），中洞（杜晓洁等1083），黄竹岔（刘心祈2235；刘心祈24244）。常见。

酸模叶蓼 **Polygonum lapathifolium** L.

跃进水电站—园洞村（杜晓洁等631），苦竹坳村后的山沟（2017/4/11上午 SF3），跃进水电站，黄竹岔（刘心祈24364）。常见。

小蓼花 **Polygonum muricatum** Meisn.

苦竹坳村（杜晓洁等530），罗庚坪村（杜晓洁等840），黄竹岔（刘心祈24174）。常见。

尼泊尔蓼 **Polygonum nepalense** Meisn.

食水坑（杜晓洁等2016/9/10 SF15）。少见。

杠板归 **Polygonum perfoliatum** L.

出保护站公路旁的山沟（杜晓洁等289），出保护站公路。常见。

丛枝蓼 **Polygonum posumbu** Buch.-Ham. ex D. Don

十三公里水沟（杜晓洁等1229），黄竹岔（刘心祈2153），青山口坑边（刘心祈24125）。常见。

伏毛蓼 **Polygonum pubescens** Blume

葛坑（杜晓洁等496），出保护站公路（杜晓洁等983）。常见。

刺蓼 **Polygonum senticosum** (Meisn.) Franch. et Sav.

黄竹岔附近（刘心祈2041；刘心祈24158）。少见。

虎杖属 **Reynoutria** Houtt.

虎杖 **Reynoutria japonica** Houtt.

雷公礤（杜晓洁等123），中洞（杜晓洁等2017/8/9 SF5），食水坑，黄竹岔（刘心祈2030；刘心祈24091）。常见。

59. 商陆科 Phytolaccaceae

商陆属 Phytolacca L.

*垂序商陆 Phytolacca americana L.

苦竹坳村（杜晓洁等552）。

61. 藜科 Chenopodiaceae

刺藜属 Dysphania R. Br.

土荆芥 Dysphania ambrosioides (L.) Mosyakin et Clemants

苦竹坳村（杜晓洁等545）。

63. 苋科 Amaranthaceae

牛膝属 Achyranthes L.

土牛膝 Achyranthes aspera L.

黄竹岔（刘心祈849）。少见。

牛膝 Achyranthes bidentata Blume

科普教育径（杜晓洁等11）。少见。

柳叶牛膝 Achyranthes longifolia (Makino) Makino

青山村园洞村小组（杜晓洁等746），黄竹岔（刘心祈2240）。少见。

莲子草属 Alternanthera Forssk.

莲子草（虾钳菜）Alternanthera sessilis (L.) DC.

出保护站公路旁的山沟（杜晓洁等309），中洞（杜晓洁等1082），黄竹岔（刘心祈24400）。常见。

苋属 Amaranthus L.

凹头苋 Amaranthus blitum L.

青云山（刘心祈2056）。少见。

青葙属 Celosia L.

青葙 Celosia argentea L.

出保护站公路旁的山沟（杜晓洁等287），黄竹岔山脚（刘心祈2447；刘心祈24242）。常见。

64. 落葵科 Basellaceae

落葵属 Basella L.

*落葵 Basella alba L.

黄竹岔附近（刘心祈24156）。少见。

69. 酢浆草科 Oxalidaceae

酢浆草属 Oxalis L.

酢浆草 Oxalis corniculata L.

出保护站公路旁的山沟（杜晓洁等347），青云山附近（刘心祈2039）。常见。

红花酢浆草 Oxalis corymbosa DC.

保护站办公楼附近，苦竹坳村。常见。

71. 凤仙花科 Balsaminaceae

凤仙花属 Impatiens L.

*凤仙花 Impatiens balsamina L.

黄竹岔（刘心祈24266；刘心祈24265）。常见。

睫毛萼凤仙花 Impatiens blepharosepala Prutz. ex E. Pritz. ex Diels

青云山山脚。少见。

华凤仙 Impatiens chinensis L.

苦竹坳村（杜晓洁等519），黄竹岔（刘心祈24138），青云山（刘心祈2120）。常见。

绿萼凤仙花 Impatiens chlorosepala Hand.-Mazz.

科普教育径（杜晓洁等65），雷公磜（杜晓洁等112），青云山（杜晓洁等444），葛坑（杜晓洁等489），跃进水电站（杜晓洁等693），罗庚坪村（杜晓洁等808），坝后水电站后的山沟（杜晓洁等1000），黄竹岔（刘心祈1998；刘心祈24021）。常见。

湖南凤仙花 Impatiens hunanensis Y. L. Chen

跃进水库（杜晓洁等607），园洞村（杜晓洁等692），坝后水电站后的山沟（杜晓洁999），老隆山水电站二级电站。常见。

岩生凤仙花 Impatiens rupestris K. M. Liu et X. Z. Cai

青云山（杜晓洁等450）。少见。

72. 千屈菜科 Lythraceae

水苋菜属 Ammannia L.

水苋菜 Ammannia baccifera L.

黄竹岔（刘心祈24275）。少见。

紫薇属 Lagerstroemia L.

紫薇 Lagerstroemia indica L.

青山口（刘心祈24270）。少见。

77. 柳叶菜科 Onagraceae

露珠草属 Circaea L.

南方露珠草 Circaea mollis Siebold et Zucc.

黄竹岔山坑（刘心祈24179）。少见。

柳叶菜属 Epilobium L.

长籽柳叶菜 Epilobium pyrricholophum Franch. et Savat.

黄竹岔山脚（刘心祈24173）。少见。

丁香蓼属 Ludwigia L.

草龙 Ludwigia hyssopifolia (G. Don) Exell

葛坑（杜晓洁等512），雷公礤。常见。

毛草龙 Ludwigia octovalvis (Jacq.) P. H. Raven

跃进水电站—园洞村（杜晓洁等634），黄竹岔山脚（刘心祈23931）。常见。

丁香蓼 Ludwigia prostrata Roxb.

黄竹岔山脚（刘心祈24256）。少见。

77A. 菱科 Trapaceae

菱属 Trapa L.

欧菱 Trapa natans L.

黄竹岔（刘心祈24412）。少见。

81. 瑞香科 Thymelaeaceae

荛花属 Wikstroemia Endl.

了哥王 Wikstroemia indica (L.) C. A. Mey.

葛坑（杜晓洁等793a）。少见。

北江荛花 Wikstroemia monnula Hance

雷公礤（杜晓洁等152；杜晓洁等880），罗庚坪村（杜晓洁等815）。常见。

细轴荛花 Wikstroemia nutans Champ. ex Benth.

葛坑（杜晓洁等793）。少见。

84. 山龙眼科 Proteaceae

山龙眼属 Helicia Lour.

小果山龙眼 Helicia cochinchinensis Lour.

坝后水电站后的山沟（杜晓洁等2017/8/8 SF4），园洞隧道旁的土山（杜晓洁等1357），科普教育径（杜晓洁等2016/9/6 SF20），黄竹岲（刘心祈2264；刘心祈24199；刘心祈24391），青云山。常见。

网脉山龙眼 Helicia reticulata W. T. Wang

苦竹坳村（杜晓洁等542），第二座桥十三公里水沟。常见。

88. 海桐花科 Pittosporaceae

海桐花属 Pittosporum Banks ex Gaertn.

光叶海桐 Pittosporum glabratum Lindl.

科普教育径（杜晓洁等24），坝后水电站后的山沟（杜晓洁等1047），基站（杜晓洁等1187），葛坑（杜晓洁等781；杜晓洁等795），黄竹岲（刘心祈863）。常见。

93. 大风子科 Flacourtiaceae

山桐子属 Idesia Maxim.

山桐子 Idesia polycarpa Maxim.

雷公礤山脚（杜晓洁等1311），园洞村小组，中洞，黄竹岲（刘心祈24061）。常见。

柞木属 Xylosma G. Forst.

柞木 Xylosma congesta (Lour.) Merr.

青云山（刘心祈2210），蓝青（刘心祈24308）。少见。

长叶柞木 Xylosma longifolia Clos

青云山（刘心祈1983）。少见。

脚骨脆属 Casearia Jacq.

爪哇脚骨脆 Casearia velutina Blume

青云山（杜晓洁等 2017/8/11 SF18），青山口水电站。少见。

天料木属 Homalium Jacq.

天料木 Homalium cochinchinense (Lour.) Druce

苦竹坳村（杜晓洁等2016/9/11 SF8），中洞（杜晓洁等2017/8/9 SF4），青云山，青山口水电站。常见。

103. 葫芦科 Cucurbitaceae

西瓜属 Citrullus Schrad.

*西瓜 Citrullus lanatus (Thunb.) Matsum. et Nakai

食水坑（杜晓洁等464）。少见。

绞股蓝属 Gynostemma Blume

绞股蓝 Gynostemma pentaphyllum (Thunb.) Makino

科普教育径(杜晓洁等1),葛坑(杜晓洁等1095),老隆山电站二级站。常见。

罗汉果属 Siraitia Merr.

罗汉果 Siraitia grosvenorii (Swingle) C. Jeffrey ex A. M. Lu et Z. Y. Zhang

葛坑(杜晓洁等473)。少见。

茅瓜属 Solena Lour.

茅瓜 Solena heterophylla Lour.

罗庚坪村(杜晓洁等2017/4/8 SF5)。少见。

赤瓟属 Thladiantha Bunge

大苞赤瓟 Thladiantha cordifolia (Blume) Cogn.

科普教育径(杜晓洁等78),保护站办公楼附近(杜晓洁等201),食水坑(杜晓洁等458),葛坑(杜晓洁等2017/8/9下午 SF6),黄竹岔(刘心祈2445)。常见。

南赤瓟 Thladiantha nudiflora Hemsl. ex Forbes et Hemsl.

科普教育径(杜晓洁等2016/9/6 SF2)。少见。

栝楼属 Trichosanthes L.

长萼栝楼 Trichosanthes laceribractea Hayata

跃进水电站—园洞村(杜晓洁等625;杜晓洁等655;杜晓洁等657)。常见。

趾叶栝楼 Trichosanthes pedata Merr. et Chun

黄竹岔(刘心祈25052)。少见。

全缘栝楼 Trichosanthes pilosa Lour.

黄竹岔(刘心祈2168;刘心祈24016),雷公礤。少见。

中华栝楼 Trichosanthes rosthornii Harms

葛坑(杜晓洁等2017/8/9下午 SF7),雷公礤(杜晓洁等2016/9/7 SF131)。少见。

马㼏儿属 Zehneria Endl.

钮子瓜 Zehneria bodinieri (H. Lév.) W. J. de Wilde et Duyfjes

青云山。少见。

马㼏儿 Zehneria japonica (Thunb.) H.Y. Liu

雷公礤(杜晓洁等147),黄竹岔(刘心祈2438;刘心祈24411)。常见。

104. 秋海棠科 Begoniaceae

秋海棠属 Begonia L.

食用秋海棠 Begonia edulis H. Lév.

黄竹岕（刘心祈24007）。少见。

紫背天葵 Begonia fimbristipula Hance

跃进水电站—园洞村（杜晓洁等698），罗庚坪村（杜晓洁等809），园洞水坝（杜晓洁等922）。常见。

粗喙秋海棠 Begonia longifolia Blume

青云山（杜晓洁等434）。少见。

裂叶秋海棠 Begonia palmata D. Don

科普教育径（杜晓洁等19），出保护站公路旁的山沟（杜晓洁等294），青云山（杜晓洁等366），跃进水电站—园洞村（杜晓洁等670），葛坑（杜晓洁等792a），青山村园洞村小组（杜晓洁等2016/12/20 SF4），园洞水电站（2017/4/12 SF1）。常见。

掌裂叶秋海棠 Begonia pedatifida H. Lév.

青山村园洞村小组（杜晓洁等706）。少见。

108. 茶科 Theaceae

杨桐属 Adinandra Jack

两广杨桐 Adinandra glischroloma Hand.-Mazz.

雷公礤（杜晓洁等144），坝后水电站后的山沟，黄竹岕（刘心祈24209；刘心祈24200）。常见。

杨桐 Adinandra millettii (Hook. et Arn.) Benth. et Hook. f. ex Hance

葛坑（杜晓洁等491），黄竹岕（刘心祈2025；刘心祈23928）。常见。

茶梨属 Anneslea Wall.

茶梨（海南红楣）Anneslea fragrans Wall.

雷公礤（杜晓洁等2016/9/7 SF79）。少见。

山茶属 Camellia L.

长尾毛蕊茶 Camellia caudata Wall.

出保护站公路旁的山沟（杜晓洁等2016/9/8 SF20）。少见。

心叶毛蕊茶 Camellia cordifolia (Metc.) Nakai

青山村园洞村小组（叶育石等712），苦竹坳村（杜晓洁等531），出保护站公路（杜晓洁等1236），老隆山水电站二级电站（杜晓洁等1245），跃进水电站（2017/4/12上午 SF8），出保护站公路旁的山沟（杜晓洁等2016/9/8 SF6），黄竹岕（刘心祈23983）。常见。

糙果茶 **Camellia furfuracea** (Merr.) Coh. St.

雷公礤（杜晓洁等215；杜晓洁等2106/9/7 SF142），葛坑。少见。

广东毛蕊茶 **Camellia melliana** Hand.-Mazz.

科普教育径（杜晓洁等2016/9/6 SF22；杜晓洁等2017/4/7 SF1），老隆山电站二级站。少见。

油茶 **Camellia oleifera** Abel

坝后水电站后的山沟（杜晓洁等1028），雷公礤（杜晓洁等2016/9/7 SF78），苦竹坳村后的山沟（2017/4/11 SF7），黄竹岕（刘心祈2020）。常见。

柳叶毛蕊茶 **Camellia salicifolia** Champ. ex Benth.

黄竹岕（刘心祈24148）。少见。

茶 **Camellia sinensis** (L.) O. Ktze.

黄竹岕（刘心祈2090），细水山君竹坑（刘心祈24357）。少见。

普洱茶 **Camellia sinensis** var. **assamica** (J. W. Masters) Kitamura

出保护站公路旁的山沟（杜晓洁等344），出保护站公路（杜晓洁等969），雷公礤山脚（杜晓洁等1290），食水坑。少见。

红淡比属 **Cleyera** Thunb.

红淡比 **Cleyera japonica** Thunb.

雷公礤（杜晓洁等150）。少见。

柃木属 **Eurya** Thunb.

尾尖叶柃 **Eurya acuminata** DC.

青山村园洞村小组（杜晓洁等720）。少见。

翅柃 **Eurya alata** Kobuski

科普教育径（杜晓洁等2016/9/6 SF23；杜晓洁等2017/8/7 SF11），中洞（杜晓洁等11；杜晓洁等2017/8/9 SF12）。葛坑。常见。

米碎花 **Eurya chinensis** R. Br.

罗庚坪村（杜晓洁等819），葛坑（杜晓洁等859）。常见。

华南毛柃 **Eurya ciliata** Merr.

青云山（杜晓洁377）。常见。

二列叶柃 **Eurya distichophylla** Hemsl.

科普教育径（杜晓洁等79），罗庚坪村（杜晓洁等834），葛坑（杜晓洁等796a；杜晓洁等860），老隆山水电站后的土山（杜晓洁等901），坝后水电站后的山沟（杜晓洁等1035）。常见。

微毛柃 **Eurya hebeclados** Y. Ling

跃进水库（杜晓洁等588）。少见。

凹脉柃 Eurya impressinervis Kobuski

　　青云山（杜晓洁等2017/8/11 SF17a）。少见。

细枝柃 Eurya loquaiana Dunn

　　雷公礤（杜晓洁等108），青云山（杜晓洁等399），出保护站公路（杜晓洁等1233），坝后水电站后的山沟（杜晓洁等2017/8/8 SF7），黄竹岔（刘心祈2013；刘心祈23925），科普教育径。常见。

黑柃 Eurya macartneyi Champ.

　　出保护站公路旁的山沟（杜晓洁等2016/9/8 SF29），黄竹岔（刘心祈24090）。少见。

格药柃 Eurya muricata Dunn

　　青云山（杜晓洁等1149）。少见。

细齿叶柃 Eurya nitida Korth.

　　基站（杜晓洁等1176；杜晓洁等1183），黄竹岔（刘心祈23937）。常见。

岩柃 Eurya saxicola H. T. Chang

　　雷公礤（杜晓洁等213；杜晓洁等881；杜晓洁等2016/9/7 SF87；杜晓洁等2016/9/7 SF134）。少见。

四角柃 Eurya tetragonoclada Merr. et Chun

　　出保护站公路旁的山沟（杜晓洁等226），跃进水库（杜晓洁等2016/9/12 SF3），雷公礤（杜晓洁等2016/9/7 SF138），苦竹坳村后的山沟（2017/4/11 SF4）。常见。

核果茶属 Pyrenaria Blume

小果核果茶 Pyrenaria microcarpa (Dunn) H. Keng

　　出保护站公路旁的山沟（杜晓洁等335），出保护站公路（杜晓洁等985），基站（杜晓洁等1186；杜晓洁等1191），黄竹岔（刘心祈23989）。常见。

木荷属 Schima Reinw. ex Blume

疏齿木荷 Schima remotiserrata Chang

　　青云山、雷公礤。常见。

木荷 Schima superba Gardn. et Champ.

　　雷公礤（杜晓洁等154；杜晓洁等878），黄竹岔（刘心祈2237），青山口（刘心祈24343）。常见。

紫茎属 Stewartia L.

柔毛紫茎 Stewartia villosa Merr.

　　出保护站公路旁的山沟（杜晓洁等233），坝后水电站（杜晓洁等2016/12/21 SF8），雷公礤（杜晓洁等2016/9/7 SF88）。常见。

厚皮香属 Ternstroemia Mutis ex L. f.

厚皮香 Ternstroemia gymnanthera (Wight & Arn.) Beddome

青云山（杜晓洁等2017/8/11X SF3），中洞（杜晓洁等2017/8/9 SF2），雷公礤，跃进水库。常见。

尖萼厚皮香 Ternstroemia luteoflora L. K. Ling

黄竹岔（刘心祈2064）。少见。

小叶厚皮香 Ternstroemia microphylla Merr.

跃进水库（杜晓洁等2016/9/12 SF10）。少见。

108A. 五列木科 Pentaphylacaceae

五列木属 Pentaphylax Gardn. et Champ.

五列木 Pentaphylax euryoides Gardn. et Champ.

跃进水库（杜晓洁等605），出保护站的公路（杜晓洁等2017/8/7 SF2），雷公礤。少见。

112. 猕猴桃科 Actinidiaceae

猕猴桃属 Actinidia Lindl.

异色猕猴桃 Actinidia callosa var. discolor C. F. Liang

黄竹岔（刘心祈24154），青云山附近（刘心祈2117）。少见。

毛花猕猴桃 Actinidia eriantha Benth.

基站（杜晓洁等2016/12/21 SF3（2）），科普教育径（杜晓洁等2016/9/6 SF6），园洞村小组，黄竹岔（刘心祈2272；刘心祈24232）。较常见。

黄毛猕猴桃 Actinidia fulvicoma Hance

青云山（杜晓洁等2016/9/9 SF20）。少见。

阔叶猕猴桃 Actinidia latifolia (Gardn. et Champ.) Merr.

跃进水电站—园洞村（杜晓洁等2016/9/13 SF19）。常见。

美丽猕猴桃 Actinidia melliana Hand.-Mazz.

科普教育径（杜晓洁等70），葛坑（杜晓洁等492），雷公礤山脚。常见。

水东哥属 Saurauia Willd.

水东哥 Saurauia tristyla DC.

跃进水电站二级电站（杜晓洁等2016/9/13 SF16），青山口山坑（刘心祈24133），青云山（刘心祈2459）。常见。

118. 桃金娘科 Myrtaceae

岗松属 Baeckea L.

岗松 Baeckea frutescens L.

雷公礤（杜晓洁等158），黄竹岇（刘心祈24110），青云山（刘心祈2188）。常见。

桃金娘属 Rhodomyrtus (DC.) Rchb.

桃金娘 Rhodomyrtus tomentosa (Ait.) Hassk.

跃进水电站—园洞村（杜晓洁等645），黄竹岇（刘心祈24104），青云山（刘心祈2212）。常见。

蒲桃属 Syzygium P. Browne ex Gaertn

赤楠 Syzygium buxifolium Hook. et Arn.

青云山（刘心祈2174），雷公礤（杜晓洁等2016/9/7 SF113）。常见。

卫矛叶蒲桃 Syzygium euonymifolium (Metcalf) Merr. et L. M. Perry

园洞隧道旁的石山（杜晓洁等1350），园洞水坝（杜晓洁等2017/4/13 SF2a），青云山（刘心祈1965），青山口山腰（刘心祈24127）。常见。

红枝蒲桃 Syzygium rehderianum Merr. et L. M. Perry

青云山（杜晓洁等2017/8/11 SF17；刘心祈2440），园洞隧道旁的石山（杜晓洁等1349）。少见。

120. 野牡丹科 Melastomataceae

柏拉木属 Blastus Lour.

线萼金花树 Blastus apricus (Hand.-Mazz.) H. L. Li

青云山，雷公礤。较常见。

柏拉木 Blastus cochinchinensis Lour.

出保护站公路旁的山沟（杜晓洁等222），黄竹岇（刘心祈24180）。常见。

少花柏拉木 Blastus pauciflorus (Benth.) Guillaum.

科普教育径（杜晓洁等5；杜晓洁等37；杜晓洁等958），葛坑（杜晓洁等794），坝后水电站后的山沟（杜晓洁等1020；杜晓洁等1032），园洞村小组，黄竹岇（刘心祈1997；刘心祈23936；刘心祈24035）。常见。

野海棠属 Bredia Blume

过路惊 Bredia quadrangularis Cogn.

青云山（杜晓洁等389）。少见。

异药花属 Fordiophyton Stapf

异药花 Fordiophyton faberi Stapf

雷公礤（杜晓洁的101），老隆山二级电站后的土山（杜晓洁等904），出保护站的公路（杜晓洁等992），坝后水电站后的山沟（杜晓洁等1005），出保护站公路旁的山沟（杜晓洁等257），黄竹岇（刘心祈24022；刘心祈2423）。常见。

野牡丹属 Melastoma L.

地菍 Melastoma dodecandrum Lour.

黄竹岌山坑（刘心祈24023），青云山（刘心祈2080）。常见。

野牡丹 Melastoma malabathricum L.

黄竹岌（刘心祈23924），出保护站公路旁的山沟（杜晓洁等236）。常见。

毛菍 Melastoma sanguineum Sims.

雷公礤（杜晓洁等2016/9/7 SF2a）。少见。

谷木属 Memecylon L.

谷木 Memecylon ligustrifolium Champ. ex Benth.

园洞隧道旁的石山（杜晓洁等1340），细水山磨刀坑（刘心祈24320），青云山（刘心祈2392）。少见。

金锦香属 Osbeckia L.

金锦香 Osbeckia chinensis L. ex Walp.

跃进水库（杜晓洁等602），黄竹岌（刘心祈24099），青云山（刘心祈2364）。少见。

星毛金锦香 Osbeckia stellata Buch.-Ham. ex Ker Gawl.

黄竹岌（刘心祈24109），青云山（刘心祈2239）。少见。

肉穗草属 Sarcopyramis Wall.

楮头红 Sarcopyramis napalensis Wall.

出保护站公路旁的山沟（杜晓洁等259），雷公礤（杜晓洁等889），青云山（刘心祈2186），黄竹岌（刘心祈24012）。

蜂斗草属 Sonerila Roxb.

蜂斗草 Sonerila cantonensis Stapf

青云山（杜晓洁等408），苦竹坳村（杜晓洁等568），园洞水坝（杜晓洁等924），青山口水电站（杜晓洁等1147）。常见。

直立蜂斗草 Sonerila erecta Jack

黄竹岌（刘心祈24404），青云山（刘心祈2311）。少见。

溪边桑勒草 Sonerila maculata Roxb.

黄竹岌右山（刘心祈23922），青云山（刘心祈1985A）。少见。

121. 使君子科 Combretaceae

风车子属 Combretum Loefl.

风车子 Combretum alfredii Hance

青山口水电站（杜晓洁等1115）。少见。

123. 金丝桃科 Hypericaceae

金丝桃属 Hypericum L.

地耳草 Hypericum japonicum Thunb. ex. Murray

雷公礤（杜晓洁等102），细水山（刘心祈24397）。常见。

元宝草 Hypericum sampsonii Hance

出保护站公路（杜晓洁等975），罗庚坪村（2017/4/8 SF1），葛坑。常见。

126. 藤黄科 Clusiaceae

藤黄属 Garcinia L.

木竹子（多花山竹子）Garcinia multiflora Champ. ex Benth.

雷公礤（杜晓洁等2016/9/7 SF112），青云山（刘心祈1986）。少见。

128. 椴树科 Tiliaceae

黄麻属 Corchorus L.

甜麻 Corchorus aestuans L.

黄竹岔（刘心祈24255；刘心祈23949），青云山（刘心祈2101）。少见。

破布叶属 Microcos L.

破布叶 Microcos paniculata L.

坝后水电站后的山沟（杜晓洁2017/8/8 SF2）。常见。

刺蒴麻属 Triumfetta L.

单毛刺蒴麻 Triumfetta annua L.

跃进水电站—园洞村（杜晓洁等660），青云山（刘心祈2280）。少见。

长勾刺蒴麻 Triumfetta pilosa Roth

十三公里水沟（杜晓洁等1230）。少见。

刺蒴麻 Triumfetta rhomboidea Jacq.

食水坑（杜晓洁等468），黄竹岔（刘心祈24285），葛坑，园洞水电站。常见。

128. 杜英科 Elaeocarpaceae

杜英属 Elaeocarpus L.

中华杜英 Elaeocarpus chinensis (Gardner et Champ.) Hook. f. ex Benth.

青山村园洞村小组（杜晓洁等2016/12/20 SF8），青云山（2017/8/11X SF1）。常见。

显脉杜英 Elaeocarpus dubius A. DC.

基站（杜晓洁的1213），跃进水库（杜晓洁等2016/9/12 SF1）。少见。

褐毛杜英 Elaeocarpus duclouxii Gagnep.

青云山（杜晓洁等1159；杜晓洁等1162），跃进水库（2016/9/12 SF17），雷公礤。常见。

日本杜英 Elaeocarpus japonicus Siebold et Zucc.

雷公礤（杜晓洁等2016/9/7 SF95），园洞村小组，跃进水库，青云山，葛坑。常见。

山杜英 Elaeocarpus sylvestris (Lour.) Poir.

雷公礤（杜晓洁等2016/9/7 SF148）。少见。

猴欢喜属 Sloanea L.

薄果猴欢喜 Sloanea leptocarpa Diels

苦竹坳村（杜晓洁等528），青云山（刘心祈2022）。少见。

猴欢喜 Sloanea sinensis (Hance) Hemsl.

食水坑（杜晓洁等455），出保护站公路旁的山沟（2016/9/8 SF14），中洞（2017/8/9上午 SF3），黄竹岔（刘心祈24175），葛坑。常见。

130. 梧桐科 Sterculiaceae
山芝麻属 Helicteres L.

山芝麻 Helicteres angustifolia L.

青云山（刘心祈2484），细水山园洞（刘心祈24294）。少见。

马松子属 Melochia L.

马松子 Melochia corchorifolia L.

细水山（刘心祈24350）。少见。

翅子树属 Pterospermum Schreb.

翻白叶树 Pterospermum heterophyllum Hance

青山口水电站（杜晓洁等1122），园洞水坝。少见。

梭罗树属 Reevesia Lindl.

梭罗树 Reevesia pubescens Mast.

雷公礤（杜晓洁等2016/9/7 SF73）。少见。

132. 锦葵科 Malvaceae
秋葵属 Abelmoschus Medik.

黄葵 Abelmoschus moschatus Medikus

食水坑（杜晓洁等483），葛坑（杜晓洁等862），十三公里水沟（杜晓洁等1224），黄竹岔（刘心祈24188）。常见。

棉属 Gossypium L.

*钝叶树棉 Gossypium arboreum var. obtusifolium (Roxb.) Roberty

细水山青山口（刘心祈24346）。少见。

木槿属 Hibiscus L.

木芙蓉 Hibiscus mutabilis L.

葛坑（杜晓洁等483），科普教育径。少见。

*木槿 Hibiscus syriacus L.

黄竹岔（刘心祈24276；刘心祈24046），青云山（刘心祈2209；刘心祈2274）。常见。

黄花棯属 Sida L.

桤叶黄花棯 Sida alnifolia L.

跃进水电站—园洞村（杜晓洁等685），青云山（刘心祈2213），园洞水电站。常见。

白背黄花棯 Sida rhombifolia L.

出保护站公路旁的山沟，细水山蓝青（刘心祈24313）。常见。

梵天花属 Urena L.

地桃花 Urena lobata L.

科普教育径（杜晓洁等33），中洞（杜晓洁等1065），青山口山腰（刘心祈24342）。常见。

粗叶地桃花 Urena lobata var. glauca (Blume) Borss. Waalk.

青云山（刘心祈2100；刘心祈2454）。少见。

135. 古柯科 Erythroxylaceae

古柯属 Erythroxylum P. Browne

东方古柯 Erythroxylum sinense Y. C. Wu

罗庚坪村（杜晓洁等837），青云山（2016/9/9 SF9），葛坑。常见。

135A. 粘木科 Ixonanthaceae

粘木属 Ixonanthes Jack

粘木 Ixonanthes reticulata Jack

跃进水电站—园洞村（杜晓洁等2016/9/13 SF25）。罕见。

136. 大戟科 Euphorbiaceae

铁苋菜属 Acalypha L.

铁苋菜 Acalypha australis L.

跃进水库（杜晓洁等609），黄竹岔（刘心祈24254）。常见。

山麻杆属 Alchornea Sw.

红背山麻杆 Alchornea trewioides (Benth.) Müll. Arg.

罗庚坪村（杜晓洁等829）。常见。

五月茶属 Antidesma L.

日本五月茶 Antidesma japonicum Siebold et Zucc.

科普教育径（杜晓洁等8），青山村园洞村小组（杜晓洁等734；杜晓洁等2016/12/20 SF12），坝后水电站后的山沟（杜晓洁等1029），黄竹岔（刘心祈1992；刘心祈2106；刘心祈23911）。常见。

秋枫属 Bischofia Blume

重阳木 Bischofia polycarpa (H. Lév.) Airy Shaw

细水山蓝青（刘心祈24309）。少见。

黑面神属 Breynia J. R. Forst. et G. Forst.

喙果黑面神 Breynia rostrata Merr.

黄竹岔（刘心祈2458）。少见。

土蜜树属 Bridelia Willd.

禾串树（尖叶土蜜树）Bridelia balansae Tutcher

青山口水电站（杜晓洁等1124），出保护站公路旁的山沟（杜晓洁等2016/9/8 SF38），黄竹岔（刘心祈868；刘心祈24389）。常见。

土蜜树 Bridelia tomentosa Blume

黄竹岔（刘心祈24365）。少见。

巴豆属 Croton L.

毛果巴豆 Croton lachnocarpus Benth.

中洞（杜晓洁等1088），科普教育径（2016/9/6 SF13），坝后水电站后的山沟（杜晓洁等2017/8/8 SF18），黄竹岔（刘心祈24024），园洞村小组。常见。

大戟属 Euphorbia L.

飞扬草 Euphorbia hirta L.

青云山（杜晓洁等361），黄竹岔山脚（刘心祈23994）。常见。

通奶草 Euphorbia hypericifolia L.

黄竹岔山坑（刘心祈2055）。常见。

算盘子属 Glochidion J. R. Forst. et G. Forst.

毛果算盘子 Glochidion eriocarpum Champ. ex Benth.

园洞水坝（杜晓洁等921），青山口水电站（杜晓洁等1119），黄竹岔（刘心祈23912）。常见。

艾胶算盘子 Glochidion lanceolarium (Roxb.) Voigt

坝后水电站后的山沟（杜晓洁等2017/8/8 SF26）。少见。

甜叶算盘子 Glochidion philippicum (Cav.) C. B. Rob.

出保护站公路旁的山沟（杜晓洁等2016/9/8 SF9）。少见。

算盘子 Glochidion puberum (L.) Hutch.

雷公礤（杜晓洁等179），黄竹岔（刘心祈2105；刘心祈24189）。少见。

里白算盘子 Glochidion triandrum (Blanco) C. B. Rob.

苦竹坳村（杜晓洁等2016/9/11 SF16），基站（杜晓洁等1199），园洞隧道旁的土山（杜晓洁等1354）。常见。

血桐属 Macaranga Thouars

鼎湖血桐 Macaranga sampsonii Hance

青山口水电站—下斜村（杜晓洁等1127）。少见。

野桐属 Mallotus Lour.

白背叶 Mallotus apelta (Lour.) Müll. Arg.

科普教育径（杜晓洁等82），苦竹坳村（2016/9/11 SF3），黄竹岔（刘心祈24086；刘心祈24027），青云山（刘心祈2175）。常见。

东南野桐 Mallotus lianus Croizat

科普教育径（杜晓洁等77），跃进水库（杜晓洁等603），雷公礤山脚（杜晓洁等1310），园洞（刘心祈24293），青云山（刘心祈2290）。常见。

白楸 Mallotus paniculatus (Lam.) Müll. Arg.

跃进水电站—园洞村（杜晓洁等667）。常见。

粗糠柴 Mallotus philippensis (Lam.) Müll. Arg.

进水电站—园洞村（杜晓洁等2016/9/13 SF11），青山口水电站（杜晓洁等2017/8/10 SF22；杜晓洁等2017/8/10 SF24），坝后水电站厚的山沟（2017/8/8 SF11），园洞水电站。常见。

石岩枫 Mallotus repandus (Willd.) Müll. Arg.

青云山（杜晓洁等2016/9/9 SF19），青山口水电站。少见。

叶下珠属 Phyllanthus L.

苦味叶下珠 Phyllanthus amarus Schumach. et Thonn.

跃进水库（杜晓洁等606）。少见。

叶下珠 Phyllanthus urinaria L.

科普教育径（杜晓洁等61），黄竹岔（刘心祈24004），青云山（刘心祈2040）。较常见。

黄珠子草 Phyllanthus virgatus G. Forst.

下斜村（杜晓洁等1132）。少见。

蓖麻属 Ricinus L.

*蓖麻 Ricinus communis L.

青山口（刘心祈24277），青云山（刘心祈2490）。少见。

乌桕属 Triadica Lour.

山乌桕 Triadica cochinchinensis Lour.

跃进水库（杜晓洁等582），黄竹岔山腰（刘心祈24034），青云山（杜晓洁等2016/9/9 SF8；刘心祈2169）。常见。

乌桕 Triadica sebifera (L.) Small

黄竹岔坑边（刘心祈24095），青云山（刘心祈2211）。常见。

油桐属 Vernicia Lour.

木油桐 Vernicia montana Lour.

出保护站公路旁的山沟（杜晓洁等339），跃进水电站（杜晓洁等916），雷公礤（杜晓洁等2016/9/7 SF76）。常见。

136A. 交让木科 Daphniphyllaceae
交让木属 Daphniphyllum Blume

牛耳枫 Daphniphyllum calycinum Benth.

青云山（杜晓洁等2016/9/9 SF10；刘心祈2170），基站（杜晓洁等1198），雷公礤，青山口山腰（刘心祈24123）。常见。

交让木 Daphniphyllum macropodum Miq.

青云山（杜晓洁等2016/9/9 SF35；杜晓洁等1155），雷公礤。常见。

虎皮楠 Daphniphyllum oldhamii (Hemsl.) Rosenthal

雷公礤（杜晓洁等2016/9/7 SF106），黄竹岔山腰（刘心祈24085），青云山（刘心祈2263）。较常见。

139. 鼠刺科 Escalloniaceae
鼠刺属 Itea L.

鼠刺 Itea chinensis Hook. et Arn.

黄竹岔山腰（刘心祈23938），雷公礤（杜晓洁等213），园洞水电站（杜晓洁等918）。常见。

峨眉鼠刺 **Itea omeiensis** C. K. Schneid.

　　细水山磨刀坑（刘心祈24319），青云山（刘心祈2027）。少见。

142. 绣球科 Hydrangeaceae

常山属 Dichroa Lour.

常山 **Dichroa febrifuga** Lour.

　　青云山（杜晓洁等411），跃进水库（杜晓洁等2016/9/12 SF2），黄竹岔山坑（刘心祈23995）。常见。

罗蒙常山 **Dichroa yaoshanensis** Y. C. Wu

　　科普教育径（杜晓洁等73），青山村园洞村小组（杜晓洁等721），食水坑。少见。

绣球属 Hydrangea L.

酥醪绣球 **Hydrangea coenobialis** Chun

　　青云山（刘心祈2238），细水山蓝青（刘心祈24301）。少见。

粤西绣球 **Hydrangea kwangsiensis** Hu

　　出保护站公路（杜晓洁等970）。常见。

圆锥绣球 **Hydrangea paniculata** Siebold

　　雷公礤（杜晓洁等120），坝后水电站后的山沟（杜晓洁等1033），黄竹岔（刘心祈24143）。常见。

柳叶绣球 **Hydrangea stenophylla** Merr. et Chun

　　雷公礤（杜晓洁等111），罗庚坪村（杜晓洁等836），苦竹坳村后的山沟（杜晓洁等895），葛坑（杜晓洁等870），出保护站公路（杜晓洁等1241），科普教育径（杜晓洁等2016/9/6 SF19）。常见。

冠盖藤属 Pileostegia Hook. f. et Thomson

星毛冠盖藤 **Pileostegia tomentella** Hand.-Mazz.

　　苦竹坳村（杜晓洁等536），科普教育径（杜晓洁等2016/9/6 SF32），黄竹岔（刘心祈24410）。常见。

冠盖藤 **Pileostegia viburnoides** Hook. f. et Thomson

　　雷公礤山脚（杜晓洁等1278）。少见。

143. 蔷薇科 Rosaceae

龙牙草属 Agrimonia L.

小花龙芽草 **Agrimonia nipponica** var. **occidentalis** Skalický ex J. E. Vidal

　　黄竹岔（刘心祈24070）。少见。

龙芽草 **Agrimonia pilosa** Ledeb.

　　青云山（刘心祈2185），出保护站公路旁的山沟（杜晓洁等275），雷公礤。常见。

桃属 Amygdalus L.

*鹰嘴桃 Amygdalus persica L.

葛坑（杜晓洁等794）。常见。

樱属 Cerasus Mill.

钟花樱桃 Cerasus campanulata (Maxim.) A. N. Vassiljeva

葛坑（杜晓洁等），雷公礤。少见。

山樱桃（山樱花）Cerasus serrulata (Lindl.) Loudon

葛坑（杜晓洁等2017/4/9下午 SF1）。少见。

山楂属 Crataegus L.

*山楂 Crataegus pinnatifida Bunge

葛坑（杜晓洁等887）。

蛇莓属 Duchesnea Sm.

蛇莓 Duchesnea indica (Andrews) Focke

跃进水库（杜晓洁等592），老隆山水电站二级电站（杜晓洁等1265）。常见。

枇杷属 Eriobotrya Lindl.

大花枇杷 Eriobotrya cavaleriei (H. Lév.) Rehder

葛坑（杜晓洁等510）。少见。

香花枇杷 Eriobotrya fragrans Champ. ex Benth.

老隆山电站二级站（杜晓洁等1253），科普教育径（杜晓洁等2016/9/6 SF4）。常见。

*枇杷 Eriobotrya japonica (Thunb.) Lindl.

青山村（刘心祈2337），罗庚坪村。常见。

桂樱属 Laurocerasus Duhamel

毛背桂樱 Laurocerasus hypotricha (Rehder) T. T. Yu et L. T. Lu

青云山（杜晓洁等2016/9/9 SF34；杜晓洁等2017/8/11X SF4）。少见。

腺叶桂樱 Laurocerasus phaeosticta (Hance) C. K. Schneid.

出保护站公路（杜晓洁等905），葛坑（杜晓洁等2016/9/10 SF5），青云山（杜晓洁等2016/9/9 SF9）。常见。

尖叶桂樱 Laurocerasus undulata (D. Don) M. Roem.

基站（杜晓洁等753），罗庚坪村（杜晓洁等830），食水坑。常见。

大叶桂樱 Laurocerasus zippeliana (Miq.) Browicz

老隆山水电站二级电站（杜晓洁等1252）。常见。

稠李属 Padus Mill.

橉木 Padus buergeriana (Miq.) T. T. Yü et T. C. Ku

科普教育径（杜晓洁等774），雷公礤山脚（杜晓洁等1299；杜晓洁等1318），青山村园洞村小组（杜晓洁等2016/12/20 SF3），葛坑，出保护站公路（杜晓洁等2017/8/7下午 SF4）。常见。

石楠属 Photinia Lindl.

小叶石楠 Photinia parvifolia (E. Pritzel) C. K. Schneid.

青云山（杜晓洁等2016/9/9 SF2），坝后水电站后的山沟（杜晓洁等2017/8/8 SF22）。常见。

桃叶石楠 Photinia prunifolia (Hook. et Arn.) Lindl.

青山口水电站（杜晓洁等1144），基站（杜晓洁等1177），园洞隧道旁的土山（杜晓洁等1347），苦竹坳村（杜晓洁等2016/9/11 SF4），青云山（杜晓洁等2016/9/9 SF17；杜晓洁等2017/8/11X SF9；刘心祈2006）。常见。

饶平石楠 Photinia raupingensis K. C. Kuan

青云山（杜晓洁等2016/9/9 SF16），老隆山电站二级站。少见。

臀果木属 Pygeum Gaertn.

臀果木（臀形果）Pygeum topengii Merr.

出保护站公路（杜晓洁等2016/9/8 SF26），跃进水库，青云山（刘心祈2485）。常见。

梨属 Pyrus L.

豆梨 Pyrus calleryana Decne.

跃进水电站（杜晓洁等912；杜晓洁等2016/9/12 SF6）。少见。

楔叶豆梨 Pyrus calleryana var. **koehnei** (C. K. Schneid.) T. T. Yü

黄竹岙（刘心祈23992）。少见。

石斑木属 Rhaphiolepis Lindl.

石斑木 Rhaphiolepis indica (L.) Lindl. ex Ker Gawl.

跃进水电站（杜晓洁等913），黄竹岙右山（刘心祈23977），青云山（刘心祈2146）。常见。

蔷薇属 Rosa L.

小果蔷薇 Rosa cymosa Tratt.

苦竹坳村（杜晓洁等549），园洞隧道旁的土山（杜晓洁等1367），出保护站公路（2016/9/8 SF2），青山口（刘心祈24337），青云山（刘心祈2216），老隆山电站二级站。常见。

软条七蔷薇 Rosa henryi Bouleng.

黄竹岙（刘心祈2061）。少见。

金樱子 Rosa laevigata Michx.

跃进水电站（杜晓洁等646），罗庚坪村（杜晓洁等818），青云山（刘心祈2247），跃进水电站二级电站，出保护区公路。常见。

悬钩子属 Rubus L.

粗叶悬钩子 Rubus alceifolius Poiret

科普教育径（杜晓洁等55），雷公礤山脚（杜晓洁等1294），黄竹岔山坑（刘心祈24181），青云山（刘心祈2052）。常见。

寒莓 Rubus buergeri Miq.

黄竹岔附近（刘心祈24013），青云山（杜晓洁等420），基站（2017/4/12上午SF3）。常见。

山莓 Rubus corchorifolius L. f.

葛坑（杜晓洁等867）。常见。

闽粤悬钩子 Rubus dunnii F. P. Metcalf

青云山（杜晓洁等2016/9/9 SF30）。少见。

高粱泡 Rubus lambertianus Ser.

保护站办公楼附近（杜晓洁等211），雷公礤山脚（杜晓洁等1293），黄竹岔（刘心祈24190），青云山（刘心祈2289）。常见。

白花悬钩子 Rubus leucanthus Hance

青云山（杜晓洁等2016/9/9 SF40）。常见。

梨叶悬钩子 Rubus pirifolius Sm.

园洞隧道旁的土山（杜晓洁等1336），园洞隧道旁的石山（杜晓洁等1382），苦竹坳村（杜晓洁等2016/9/11 SF13），黄竹岔（刘心祈24383），青云山（刘心祈2032）。常见。

锈毛莓 Rubus reflexus Ker Gawl.

青云山，雷公礤，青山口水电站。常见。

深裂锈毛莓 Rubus reflexus var. lanceolobus F. P. Metcalf

青云山，雷公礤，青山口水电站。常见。

空心泡 Rubus rosifolius Sm.

葛坑（杜晓洁等868）。常见。

红腺悬钩子 Rubus sumatranus Miq.

葛坑（杜晓洁等478；杜晓洁等1098），出保护站公路旁的山沟（2017/4/11下午 SF9），科普教育径（2017/8/7下午 SF10）。常见。

花楸属 Sorbus L.

广东美脉花楸 Sorbus caloneura var. kwangtungensis T. T. Yü

雷公礤（杜晓洁等170）。少见。

146. 含羞草科 Mimosaceae

金合欢属 Acacia Mill.

藤金合欢 Acacia concinna (Willd.) DC.

十三公里水沟（杜晓洁等1223），基站（杜晓洁等2017/4/12上午 SF7）。少见。

合欢属 **Albizia** Durazz.

天香藤 Albizia corniculata (Lour.) Druce

跃进水电站（杜晓洁等677），青云山（刘心祈2060），黄竹岔山腰（刘心祈23947），园洞水电站。常见。

山槐 Albizia kalkora (Roxb.) Prain

坝后水电站后的山沟（杜晓洁等2017/8/8 SF1）。少见。

***阔荚合欢 Albizia lebbeck** (L.) Benth.

老隆山水电站二级站（杜晓洁等759）。少见。

猴耳环属 **Archidendron** F. Muell.

猴耳环 Archidendron clypearia (Jack) I. C. Nielsen

青山口电站（杜晓洁等2017/8/10 SF2a）。少见。

亮叶猴耳环 Archidendron lucidum (Benth.) I. C. Nielsen

苦竹坳村（杜晓洁等2016/9/11 SF17），基站（杜晓洁等2017/4/12上午 SF6）。常见。

薄叶猴耳环 Archidendron utile (Chun et F. C. How) I. C. Nielsen

出保护站公路（杜晓洁等1239），跃进水电站（杜晓洁等2016/9/13 SF4），园洞水电站，第二座桥十三公里水沟。常见。

含羞草属 **Mimosa** L.

光荚含羞草 Mimosa bimucronata (DC.) O. Kuntze

跃进水电站（杜晓洁等680）。少见。

147. 苏木科 **Caesalpiniaceae**

羊蹄甲属 **Bauhinia** L.

龙须藤 Bauhinia championii (Benth.) Benth.

苦竹坳村（杜晓洁等532），园洞隧道旁的土山（杜晓洁等1356），雷公礤山脚（杜晓洁等1326b），出保护站公路旁的山沟（杜晓洁等2016/9/8 SF4），苦竹坳村后的山沟（2017/4/11上午 SF2），青云山（刘心祈2156），黄竹岔山腰（刘心祈24278）。常见。

首冠藤 Bauhinia corymbosa Roxb. ex DC.

基站（杜晓洁等2017/4/12下午 SF2）。少见。

粉叶羊蹄甲 Bauhinia glauca (Wall. ex Benth.) Benth.

老隆山水电站二级站（杜晓洁等760）。

148. 蝶形花科 **Papilionaceae**

合萌属 **Aeschynomene** L.

合萌 Aeschynomene indica L.

跃进水库（杜晓洁等585；杜晓洁等589），黄竹岔山腰（刘心祈24246）。少见。

链荚豆属 Alysicarpus Neck. ex Desv.

链荚豆 Alysicarpus vaginalis (L.) DC.

青山口（刘心祈24347）。少见。

藤槐属 Bowringia Champ. ex Benth.

藤槐 Bowringia callicarpa Champ. ex Benth.

黄竹岔（刘心祈2437），雷公礤。少见。

木豆属 Cajanus DC.

*木豆 Cajanus cajan (L.) Millsp.

黄竹岔（刘心祈622）。少见。

鸡血藤属 Callerya Endl.

香花鸡血藤 Callerya dielsiana (Harms) P. K. Loc ex Z. Wei et Pedley

黄竹岔溪边（刘心祈23906），青云山（刘心祈2029），出保护站公路旁的山沟，雷公礤（杜晓洁等 2016/9/7 SF99），出保护站公路（杜晓洁等979）。常见。

亮叶鸡血藤 Callerya nitida (Benth.) R. Geesink

葛坑（杜晓洁等499），坝后水电站后的山沟（杜晓洁等1007），青云山（2016/9/9 SF44）。常见。

猪屎豆属 Crotalaria L.

响铃豆 Crotalaria albida Heyne ex Roth

跃进水电站（杜晓洁等621），蓝青（刘心祈24302）。少见。

大猪屎豆 Crotalaria assamica Benth.

跃进水电站—园洞村（杜晓洁等679）。少见。

中国猪屎豆 Crotalaria chinensis L.

黄竹岔山腰（刘心祈24224）。少见。

假地蓝 Crotalaria ferruginea Grah. ex Benth.

青山口水电站—下斜村（杜晓洁等1114）。常见。

猪屎豆 Crotalaria pallida Ait.

跃进水电站—园洞村（杜晓洁等656），园洞水电站。少见。

黄檀属 Dalbergia L. f.

秧青（南岭黄檀）Dalbergia assamica Benth.

青山口水电站—下斜村（杜晓洁等1143），雷公礤（杜晓洁等2016/9/7 SF104；杜晓洁等2016/9/7 SF144），黄竹岔山腰（刘心祈24252），青云山（刘心祈1984）。常见。

弯枝黄檀 Dalbergia candenatensis (Dennst.) Prain

跃进水库（杜晓洁等2016/9/12 SF13）。少见。

藤黄檀 **Dalbergia hancei** Benth.

跃进水库—园洞村（杜晓洁等633；杜晓洁等700），园洞水电站，科普教育径，黄竹岔山坑（刘心祈24003）。常见。

鱼藤属 **Derris** Lour.

白花鱼藤 **Derris alborubra** Hemsl.

出保护站公路旁的山沟（杜晓洁等227）。少见。

山蚂蝗属 **Desmodium** Desv.

假地豆 **Desmodium heterocarpon** (L.) DC.

雷公礤（杜晓洁等2016/9/7 SF117），黄竹岔（刘心祈24372）。常见。

大叶拿身草 **Desmodium laxiflorum** DC.

黄竹岔山脚（刘心祈24214；刘心祈24215），青云山（刘心祈2258）。常见。

小叶三点金 **Desmodium microphyllum** (Thunb.) DC.

黄竹岔山腰（刘心祈24227）。少见。

野扁豆属 **Dunbaria** Wight et Arn.

圆叶野扁豆 **Dunbaria rotundifolia** (Lour.) Merr.

出保护站公路旁的山沟（杜晓洁等2016/9/8 SF17），青山口—下斜村（杜晓洁等2017/8/10 SF3），跃进水电站—园洞村（杜晓洁等629）。常见。

鸡头薯属 **Eriosema** (DC.) G. Don

鸡头薯 **Eriosema chinense** Vog.

黄竹岔山腰（刘心祈24212）。少见。

千斤拔属 **Flemingia** Roxb. ex W. T. Aiton

大叶千斤拔 **Flemingia macrophylla** (Willd.) Prain

黄竹岔山脚（刘心祈24250；刘心祈24390），青云山（刘心祈2159），青山口水电站（杜晓洁等1141），中洞（杜晓洁等2017/8/9上午 SF6）。常见。

长柄山蚂蝗属 **Hylodesmum** H. Ohashi et R. R. Mill

疏花长柄山蚂蝗 **Hylodesmum laxum** (DC.) H. Ohashi et R. R. Mill

科普教育径（杜晓洁等13），黄竹岔山腰（刘心祈24019）。常见。

尖叶长柄山蚂蝗 **Hylodesmum podocarpum** subsp. **oxyphyllum** (DC.) H. Ohashi et R. R. Mill

坝后水电站后的山沟（杜晓洁等1006），雷公礤山脚（杜晓洁等1306）。常见。

木蓝属 **Indigofera** L.

深紫木蓝 **Indigofera atropurpurea** Buch.-Ham. ex Hornem.

青云山（刘心祈2046），黄竹岔山腰（刘心祈24100）。少见。

庭藤 Indigofera decora Lindl.

青云山（杜晓洁等2016/9/9 SF27）。少见。

鸡眼草属 Kummerowia Schindl.

鸡眼草 Kummerowia striata (Thunb.) Schindl.

雷公磜（杜晓洁等129），中洞（杜晓洁等1078），青山口山脚（刘心祈24112），青云山（刘心祈2017）。常见。

胡枝子属 Lespedeza Michx.

胡枝子 Lespedeza bicolor Turcz.

黄竹岔山腰（刘心祈24205），雷公磜（杜晓洁等175），青云山（杜晓洁等383）。常见。

截叶铁扫帚 Lespedeza cuneata (Dum. Cours.) G. Don

跃进水库（杜晓洁等593），细水山（Woon-Young Chun 24243），青云山（刘心祈2277）。常见。

美丽胡枝子 Lespedeza thunbergii subsp. **formosa** (Vog.) H. Ohashi

跃进水库。少见。

崖豆藤属 Millettia Wight et Arn.

厚果崖豆藤 Millettia pachycarpa Benth.

青山口水电站—下斜村（杜晓洁等1145），老隆山水电站二级电站（杜晓洁等1238）。少见。

印度崖豆 Millettia pulchra (Benth.) Kurz

中洞（杜晓洁等1068），老隆山水电站二级站（杜晓洁等1249），黄竹岔（刘心祈23902；刘心祈24401）。常见。

疏叶崖豆 Millettia pulchra var. **laxior** (Dunn) Z. Wei

黄竹岔（刘心祈2008）。少见。

小槐花属 Ohwia H. Ohashi

小槐花 Ohwia caudata (Thunb.) H. Ohashi

科普教育径（杜晓洁等14），雷公磜山脚（杜晓洁等99），青云山（杜晓洁等412），老隆山水电站二级电站（杜晓洁等1276），青云山（刘心祈2031），黄竹岔山坑（刘心祈24080）。常见。

红豆属 Ormosia Jacks.

花榈木 Ormosia henryi Prain

园洞隧道旁的石山（杜晓洁等1334）。罕见。

软荚红豆 Ormosia semicastrata Hance

出保护站公路（杜晓洁等2016/9/8 SF23）。常见。

木荚红豆 Ormosia xylocarpa Chun ex Chen

基站（杜晓洁等1201；杜晓洁等2016/12/21 SF9），园洞隧道旁的石山（杜晓洁等1342），黄竹岔（刘心祈24216）。常见。

豆薯属 Pachyrhizus Rich. ex DC.

*豆薯 Pachyrhizus erosus (L.) Urb.

跃进水库—园洞村（杜晓洁等701）。少见。

葛属 Pueraria DC.

葛 Pueraria montana (Lour.) Merr.

青云山（杜晓洁等365），青云山（刘心祈2275）。常见。

葛麻姆 Pueraria montana var. lobata (Willd.) Maesen et S. M. Almeida ex Sanjappa et Predeep

科普教育径（杜晓洁等76），雷公礤山脚（杜晓洁等98），葛坑，青山口（刘心祈24344），青云山（刘心祈2158）。常见。

坡油甘属 Smithia Aiton

坡油甘 Smithia sensitiva Aiton

青山口（刘心祈24340），青云山（刘心祈2291）。少见。

葫芦茶属 Tadehagi H. Ohashi

葫芦茶 Tadehagi triquetrum (L.) Ohashi

青山口山腰（刘心祈24111），青云山（刘心祈2084）。常见。

狸尾豆属 Uraria Desv.

狸尾豆 Uraria lagopodioides (L.) Desv. ex DC.

黄竹岔（刘心祈821）。少见。

豇豆属 Vigna Savi

*赤豆 Vigna angularis (Willd.) Ohwi et H. Ohashi

青云山（刘心祈2203）。少见。

贼小豆 Vigna minima (Roxb.) Ohwi et H. Ohashi

葛坑（杜晓洁等502）。少见。

丁癸草属 Zornia J. F. Gmel.

丁癸草 Zornia gibbosa Spanog.

青山口（刘心祈24345）。少见。

150. 旌节花科 Stachyuraceae

旌节花属 Stachyurus Siebold et Zucc.

中国旌节花 Stachyurus chinensis Franch.

雷公礤（杜晓洁等2016/9/7 SF120）。少见。

151. 金缕梅科 Hamamelidaceae

蕈树属 Altingia Noronha

蕈树 Altingia chinensis (Champ.) Oliver ex Hance

青云山（刘心祈2194），中洞（2017/8/9上午 SF9）。少见。

马蹄荷属 Exbucklandia R. W. Brown

大果马蹄荷 Exbucklandia tonkinensis (Lec.) H. T. Chang

雷公礤（杜晓洁等142）。常见。

枫香树属 Liquidambar L.

枫香树 Liquidambar formosana Hance

葛坑（杜晓洁等476），跃进水库（杜晓洁911）。常见。

檵木属 Loropetalum R. Br.

檵木 Loropetalum chinense (R. Br.) Oliv.

青云山（刘心祈2245），黄竹岔山坑（刘心祈24074）。少见。

半枫荷属 Semiliquidambar H. T. Chang

半枫荷 Semiliquidambar cathayensis H. T. Chang

雷公礤山脚（杜晓洁等1285），基站，苦竹坳村（杜晓洁等2106/9/11 SF12），园洞水电站，园洞水库旁土山。少见。

156. 杨柳科 Salicaceae

柳属 Salix L.

南川柳 Salix rosthornii Seemen

中洞（杜晓洁等2017/8/9上午 SF12）。罕见。

159. 杨梅科 Myricaceae

杨梅属 Myrica L.

杨梅 Myrica rubra (Lour.) Siebold et Zucc.

基站（杜晓洁等1168）。常见。

161. 桦木科 Betulaceae

桤木属 Alnus Mill.

江南桤木 Alnus trabeculosa Hand.-Mazz.

葛坑（杜晓洁等500；杜晓洁等1091），科普教育径。少见。

桦木属 Betula L.

亮叶桦 Betula luminifera H. Winkl.

青云山（杜晓洁等 2016/9/9 SF45）。少见。

163. 壳斗科 Fagaceae

栗属 Castanea Mill.

栗 Castanea mollissima Blume

苦竹坳村（杜晓洁等 556）。少见。

锥属 Castanopsis (D. Don) Spach

米槠 Castanopsis carlesii (Hemsl.) Hayata

雷公礤（杜晓洁等 2016/9/7 SF3a），坝后水电站后的山沟，基站。常见。

华南锥 Castanopsis concinna (Champ. ex Benth.) A. DC.

园洞水电站（杜晓洁等 917），罗庚坪村（杜晓洁等 2017/4/8 SF8）。少见。

甜槠 Castanopsis eyrei (Champ. ex Benth.) Tutch.

跃进水库（杜晓洁等 2016/9/12 SF14），青云山（杜晓洁等 2016/9/9 SF29；杜晓洁等 2017/8/11X SF14），雷公礤山脚（杜晓洁等 1279），坝后水电站后的山沟（杜晓洁等 2017/8/8 SF31）。很常见。

罗浮锥（罗浮栲）Castanopsis fabri Hance

雷公礤（杜晓洁等 159），园洞水坝（杜晓洁等 920），基站（杜晓洁等 1210）。常见。

栲 Castanopsis fargesii Franch.

园洞水坝（杜晓洁等 939），青山口水电站（杜晓洁等 1113），基站（杜晓洁等 1188），食水坑（杜晓洁等 2016/9/10 SF7），雷公礤（杜晓洁等 2016/9/7 SF135）。常见。

黧蒴锥 Castanopsis fissa (Champ. ex Benth.) Rehder et E. H. Wilson

食水坑（杜晓洁等 2016/9/10 SF17），雷公礤、青云山、基站、青山口水电站。很常见。

毛锥 Castanopsis fordii Hance

基站（杜晓洁等 1194），科普教育径。少见。

红锥 Castanopsis hystrix Hook. f. et Thomson ex A. DC.

葛坑（杜晓洁等 2016/9/10 无号标本），青云山、坝后水电站后的山沟。很常见。

吊皮锥 Castanopsis kawakamii Hayata

园洞隧道旁的土山（杜晓洁等 1348），基站（叶育石等 2016/12/21 下午 SF9），坝后水电站后的山沟，跃进水电站。少见。

鹿角锥 Castanopsis lamontii Hance

苦竹坳村（杜晓洁等 522），基站（杜晓洁等 1180；杜晓洁等 1202），出保护站公路旁的山沟（杜晓洁等 2016/9/8 SF19），园洞村小组，雷公礤，科普教育径。很常见。

苦槠 Castanopsis sclerophylla (Lindl. et Paxton) Schottky

出保护站公路（杜晓洁等2017/8/7下午 SF7）。少见。

钩锥 Castanopsis tibetana Hance

雷公礤（杜晓洁等2016/9/7 SF86）。少见。

青冈属 Cyclobalanopsis Oerst.

栎子青冈 Cyclobalanopsis blakei (Skan) Schott.

葛坑（杜晓洁等2016/9/10 SF19），基站，葛坑。

青冈 Cyclobalanopsis glauca (Thunb.) Oerst.

出保护站公路旁的山沟（杜晓洁等317），出保护站公路（杜晓洁等991），园洞隧道旁的土山（杜晓洁等1353），青山口水电站（2017/8/10 SF5）。常见。

细叶青冈 Cyclobalanopsis gracilis (Rehder et E. H. Wilson) W. C. Cheng et T. Hong

青山口电站。少见。

大叶青冈 Cyclobalanopsis jenseniana (Hand.-Mazz.) W. C. Cheng et T. Hong ex Q. F. Zheng

青云山（杜晓洁等2016/9/9 SF36）。少见。

小叶青冈 Cyclobalanopsis myrsinifolia (Blume) Oerst.

跃进水库（杜晓洁等2016/9/12 SF15），园洞隧道旁的土山（杜晓洁等1375）。较少见。

竹叶青冈 Cyclobalanopsis neglecta Schottky

园洞隧道旁的土山（2018/1/5 SF2a）。少见。

水青冈属 Fagus L.

水青冈 Fagus longipetiolata Seem.

基站（2016/12/21上午 SF1a）。少见。

柯属 Lithocarpus Blume

美叶柯 Lithocarpus calophyllus Chun ex C. C. Huang et Y. T. Chang

雷公礤（杜晓洁等2016/9/7 SF147），青云山（杜晓洁等2017/8/11X SF10）。常见。

烟斗柯 Lithocarpus corneus (Lour.) Rehd.

出保护站公路（杜晓洁等2017/8/7 SF6），雷公礤山脚（杜晓洁等1281）。常见。

卷毛柯 Lithocarpus floccosus C. C. Huang et Y. T. Chang

跃进水电站—园洞村（杜晓洁等652），园洞水坝（杜晓洁等942），青山口水电站—下斜村（杜晓洁等1128）。常见。

柯 Lithocarpus glaber (Thunb.) Nakai

跃进水库（杜晓洁等580），园洞隧道旁的土山（杜晓洁等1368），园洞隧道旁的石山（杜晓洁等1389）。常见。

菴耳柯 Lithocarpus haipinii Chun

中洞（杜晓洁等1069），老隆山水电站二级电站（杜晓洁等1254），出保护站公路。少见。

硬壳柯 Lithocarpus hancei (Benth.) Rehd.

雷公礤（杜晓洁等2016/9/7 SF141）。少见。

鼠刺叶柯 Lithocarpus iteaphyllus (Hance) Rehd.

中洞（杜晓洁等2017/8/9上午 SF10）。少见。

木姜叶柯 Lithocarpus litseifolius (Hance) Chun

坝后水电站后的山沟（杜晓洁等2017/8/8 SF16）。少见。

水仙柯 Lithocarpus naiadarum (Hance) Chun

基站（杜晓洁等1167），园洞隧道旁的石山（杜晓洁等1346；杜晓洁等1371），跃进水电站（杜晓洁等2017/4/12上午 SF4）。常见。

榄叶柯 Lithocarpus oleifolius A. Camus

基站（杜晓洁等1175），老隆山水电站二级电站，园洞隧道旁的土山（杜晓洁等1361），苦竹坳村（杜晓洁等2016/9/11 SF7），出保护站公路旁的山沟（杜晓洁等2016/9/8 SF21），青云山（杜晓洁等2016/9/9 SF42；杜晓洁等2017/8/11X SF12），科普教育径（杜晓洁等2017/8/7下午 SF5），坝后水电站后的山沟（杜晓洁等2017/8/8 SF33），中洞（杜晓洁等2017/8/9下午 SF5）。常见。

栎属 Quercus L.

麻栎 Quercus acutissima Carr.

跃进水电站（杜晓洁等2016/9/12 SF1A）。少见。

栓皮栎 Quercus variabilis Blume

跃进水电站（杜晓洁等2016/9/12 SF12）。少见。

165. 榆科 Ulmaceae

糙叶树属 Aphananthe Planch.

糙叶树 Aphananthe aspera (Thunb.) Planch.

青山口水电站（杜晓洁等1133），青云山（杜晓洁等2017/8/11 SF24；刘心祈2127），坝后水电站后的山沟（杜晓洁等2017/8/8 SF34），老隆山电站二级站，黄竹岔（刘心祈24096）。常见。

朴属 Celtis L.

朴树 Celtis sinensis Pers.

青山口水电站（杜晓洁等1129）。常见。

假玉桂 Celtis timorensis Span.

老隆山电站二级站。少见。

山黄麻属 Trema Lour.

光叶山黄麻 Trema cannabina Lour.

雷公礤（杜晓洁等104），青山口水电站（杜晓洁等1140）。少见。

山油麻 Trema cannabina var. **dielsiana** (Hand.-Mazz.) C. J. Chen

青云山（刘心祈1995），黄竹岔山坑（刘心祈23909）。少见。

榆属 Ulmus L.

多脉榆 Ulmus castaneifolia Hemsl.

青云山（杜晓洁等2017/8/11 SF20）。少见。

167. 桑科 Moraceae

波罗蜜属 Artocarpus J. R. Forst. et G. Forst.

白桂木 Artocarpus hypargyreus Hance ex Benth.

黄竹岔（刘心祈24146），葛坑（杜晓洁等2016/9/10 SF14），坝后水电站的山沟。少见。

二色波罗蜜 Artocarpus styracifolius Pierre

苦竹坳村（杜晓洁等570），黄竹岔（刘心祈2196；刘心祈24036）。少见。

构属 Broussonetia L'Hér. ex Vent.

楮 Broussonetia kazinoki Siebold et Zucc.

葛坑（杜晓洁等796）。少见。

构树 Broussonetia papyrifera (L.) L'Hér. ex Vent.

跃进水电站（杜晓洁等2016/9/13 SF20），园洞水电站，黄竹岔（刘心祈24279）。常见。

水蛇麻属 Fatoua Gaudich.

水蛇麻 Fatoua villosa (Thunb.) Nakai

黄竹岔（刘心祈24406）。少见。

榕属 Ficus L.

*无花果 Ficus carica L.

青云山（刘心祈2451）。少见。

矮小天仙果 Ficus erecta Thunb.

黄竹岔溪边（刘心祈23997），中洞（杜晓洁等1074），出保护站公路（杜晓洁等2016/9/8 SF8）。常见。

黄毛榕 Ficus esquiroliana H. Lév.

科普教育径，十三公里水沟。较常见。

水同木 Ficus fistulosa Reinw. ex Blume

中洞（杜晓洁等2017/8/9 SF1a）。较常见。

台湾榕 Ficus formosana Maxim.

出保护站公路旁的山沟（杜晓洁等258），青山村园洞村小组（杜晓洁等732），科普教育径（杜晓洁等87），基站（杜晓洁等856），园洞村小组，青云山（刘心祈2049），黄竹岔山腰（刘心祈24163）。常见。

藤榕 Ficus hederacea Roxb.

青云山（杜晓洁等2016/9/9 SF1）。少见。

异叶榕 Ficus heteromorpha Hemsl.

雷公礤（杜晓洁等130）。常见。

粗叶榕 Ficus hirta Vahl

青云山（刘心祈2072；刘心祈2499），黄竹岔（刘心祈24025；刘心祈24236），出保护站公路旁的山沟（杜晓洁等243），罗庚坪村（杜晓洁等820）。常见。

青藤公 Ficus langkokensis Drake

出保护站公路（杜晓洁等2016/9/8 SF10），中洞（杜晓洁等1073），青云山（刘心祈2026），黄竹岔（刘心祈2282）。常见。

九丁榕 Ficus nervosa Heyne ex Roth

苦竹坳村（杜晓洁等561）。少见。

琴叶榕 Ficus pandurata Hance

青云山（刘心祈2035；刘心祈2244），黄竹岔（刘心祈2268；刘心祈24089），雷公礤山脚（杜晓洁等1280；杜晓洁等2017/4/10 SF4）。常见。

薜荔 Ficus pumila L.

园洞水电站。少见。

珍珠莲 Ficus sarmentosa var. **henryi** (King ex Oliv.) Corner

雷公礤山脚（杜晓洁等1287），园洞隧道旁的石山（杜晓洁等1333），罗庚坪村（杜晓洁等842），苦竹坳村（杜晓洁等2016/9/11 SF14）。常见。

尾尖爬藤榕 Ficus sarmentosa var. **lacrymans** (H. Lév. et Vant) Corner

雷公礤山脚（杜晓洁等1288）。少见。

长柄爬藤榕 Ficus sarmentosa var. **luducca** (Roxb.) Corner

黄竹岔（刘心祈24050）。少见。

竹叶榕 Ficus stenophylla Hemsl.

园洞村小组（杜晓洁等2016/12/20 SF6），跃进水库（杜晓洁等2017/4/12上午 SF5），黄竹岔山腰（刘心祈23974；刘心祈24073）。常见。

笔管榕 Ficus subpisocarpa Gagnep.

青山口水电站—下斜村（杜晓洁等1138），雷公礤（杜晓洁等2016/9/7SF8）。少见。

变叶榕 Ficus variolosa Lindl. ex Benth.

雷公礤（杜晓洁等2016/9/7 SF111），黄竹岔（刘心祈23910）。少见。

绿黄葛树 Ficus virens Aiton

青山口（刘心祈24116）。少见。

橙桑属 Maclura Nutt.

构棘 Maclura cochinchinensis (Lour.) Corner

青云山（刘心祈2465），坝后水电站后的山沟（杜晓洁等2017/8/8 SF30）。少见。

桑属 Morus L.

桑 Morus alba L.

葛坑（杜晓洁等2016/9/10 SF8）。少见。

鸡桑 Morus australis Poir.

黄竹岔山腰（刘心祈24157）。少见。

169. 荨麻科 Urticaceae

舌柱麻属 Archiboehmeria C. J. Chen

舌柱麻 Archiboehmeria atrata (Gagnep.) C. J. Chen

苦竹坳村（杜晓洁等565），黄竹岔山坑（刘心祈24088）。少见。

苎麻属 Boehmeria Jacq.

密花苎麻 Boehmeria densiflora Hook. et Arn.

葛坑（杜晓洁等1096）。少见。

密球苎麻 Boehmeria densiglomerata W. T. Wang

科普教育径（杜晓洁等2016/9/6 SF26），青云山（刘心祈2102）。常见。

福州苎麻 Boehmeria formosana var. **stricta** (C. H. Wright) C. J. Chen

黄竹岔（刘心祈2088；刘心祈24082）。少见。

苎麻 Boehmeria nivea (L.) Gaudich.

青云山（刘心祈2246）。少见。

青叶苎麻 Boehmeria nivea var. **tenacissima** (Gaudich.) Miq.

科普教育径（杜晓洁等2），老隆山水电站二级电站（杜晓洁等273），葛坑（杜晓洁等489）。常见。

悬铃叶苎麻 Boehmeria tricuspis (Hance) Makino

出保护站公路旁的山沟（杜晓洁等330），青云山（杜晓洁等416）。常见。

楼梯草属 Elatostema J. R. Forst. et G. Forst.

狭叶楼梯草 Elatostema lineolatum Wight

青云山（刘心祈2469）。少见。

曲毛楼梯草 Elatostema retrohirtum Dunn

青山村园洞村小组（杜晓洁等739）。少见。

糯米团属 Gonostegia Turcz.

糯米团 Gonostegia hirta (Blume ex Hassk.) Miq.

科普教育径（杜晓洁等62），细水山（刘心祈24351），青云山（刘心祈2019）。常见。

紫麻属 Oreocnide Miq.

紫麻 Oreocnide frutescens (Thunb.) Miq.

雷公礤（杜晓洁等137），青云山（刘心祈2165），青山村园洞村小组（杜晓洁等731），科普教育径（杜晓洁等778）。常见。

赤车属 Pellionia Gaudich.

短叶赤车 Pellionia brevifolia Benth.

雷公礤（杜晓洁等136）。少见。

赤车 Pellionia radicans (Siebold et Zucc.) Wedd.

科普教育径（杜晓洁等2016/9/6 SF27）。少见。

蔓赤车 Pellionia scabra Benth.

青山村园洞村小组（杜晓洁等742），园洞水坝（杜晓洁等914）。常见。

冷水花属 Pilea Lindl.

圆瓣冷水花 Pilea angulata (Blume) Blume

出保护站公路旁的山沟（杜晓洁等288），中洞（杜晓洁等2017/8/9上午 SF15），科普教育径（杜晓洁等788a）。常见。

小叶冷水花 Pilea microphylla (L.) Liebm.

出保护站公路旁的山沟（杜晓洁等221）。少见。

冷水花 Pilea notata C. H. Wright

跃进水电站—园洞村（杜晓洁等641），园洞水电站。常见。

矮冷水花 Pilea peploides (Gaudich.) Hook. et Arn.

罗庚坪村（杜晓洁等816）。少见。

透茎冷水花 Pilea pumila (L.) A. Gray

坝后水电站后的山沟（杜晓洁等2017/8/8 SF5）。少见。

三角形冷水花（玻璃草）Pilea swinglei Merr.

　　雷公礤（杜晓洁等229）。常见。

疣果冷水花 Pilea verrucosa Hand.-Mazz.

　　科普教育径（杜晓洁等等2016/9/6 W5）。少见。

雾水葛属 Pouzolzia Gaudich.

雾水葛 Pouzolzia zeylanica (L.) Benn.

　　食水坑（杜晓洁等197），黄竹岔山坑（刘心祈23961），青云山（刘心祈2119）。常见。

170. 大麻科 Cannabaceae

葎草属 Humulus L.

葎草 Humulus scandens (Lour.) Merr.

　　科普教育径（杜晓洁等80）。常见。

171. 冬青科 Aquifoliaceae

冬青属 Ilex L.

秤星树（梅叶冬青）Ilex asprella (Hook. et Arn.) Champ. ex Benth.

　　青山村园洞村小组（杜晓洁等738），罗庚坪村（杜晓洁等2017/4/8 SF7），青云山。常见。

凹叶冬青 Ilex championii Loes.

　　跃进水库（杜晓洁等 w6 2016/9/12）。少见。

沙坝冬青 Ilex chapaensis Merr.

　　跃进水库（杜晓洁等 w7 2016/9/12），青云山。少见。

黄毛冬青 Ilex dasyphylla Merr.

　　基站（杜晓洁等2016/12/21上午 SF9），园洞村小组，雷公礤。常见。

榕叶冬青 Ilex ficoidea Hemsl.

　　基站（杜晓洁等1206），雷公礤，黄竹岔山腰（刘心祈24167）。常见。

台湾冬青 Ilex formosana Maxim.

　　葛坑（杜晓洁等475），中洞（杜晓洁等2017/8/9上午 SF13；杜晓洁等2017/8/9上午 SF14），黄竹岔（刘心祈23903；刘心祈24166；刘心祈24213），青云山（刘心祈2269；刘心祈2273；刘心祈2312）。常见。

广东冬青 Ilex kwangtungensis Merr.

　　园洞（刘心祈24288），基站（杜晓洁等1212；杜晓洁等2016/12/21 SF7），园洞隧道旁的土山（杜晓洁等1358），青云山（杜晓洁等2016/9/9 SF22；杜晓洁等2016/9/9 SF23），坝后水电站后的山沟（杜晓洁等2017/8/8 SF32）。常见。

矮冬青 Ilex lohfauensis Merr.

科普教育径（杜晓洁等2016/9/6 SF28；杜晓洁等2017/4/7 SF3），跃进水库（杜晓洁等573），罗庚坪村（杜晓洁等806），基站（杜晓洁等1207），黄竹岔（刘心祈23904；刘心祈24092）。常见。

谷木叶冬青 Ilex memecylifolia Champ. ex Benth.

基站（杜晓洁等1195），老隆山水电站二级电站（杜晓洁等1257），雷公礤。少见。

小果冬青 Ilex micrococca Maxim.

基站（杜晓洁等2016/12/21下午 SF4），园洞（刘心祈24296）。少见。

亮叶冬青 Ilex nitidissima C. J. Tseng

苦竹坳村（杜晓洁等546）。常见。

毛冬青 Ilex pubescens Hook. et Arn.

科普教育径（杜晓洁等59），罗庚坪村（杜晓洁等832；杜晓洁等843；杜晓洁等2017/4/8 SF2），基站（杜晓洁等1196），十三公路水沟（杜晓洁等1226），雷公礤（杜晓洁等2016/9/7 SF92）。常见。

铁冬青 Ilex rotunda Thunb.

老隆山水电站二级电站（杜晓洁等2016/12/22 SF5），黄竹岔（刘心祈2220；刘心祈24251）。常见。

三花冬青 Ilex triflora Blume

青云山（刘心祈2145），坝后水电站后山沟（杜晓洁等2017/8/8 SF20）。少见。

紫果冬青 Ilex tsoi Merr. et Chun

青云山（杜晓洁等2016/9/9 SF4）。少见。

罗浮冬青 Ilex tutcheri Merr.

雷公礤（杜晓洁等148），科普教育径，跃进水库（杜晓洁等2016/9/12 SF7）。常见。

绿冬青 Ilex viridis Champ. ex Benth.

雷公礤（杜晓洁等2016/9/7 SF83），葛坑，黄竹岔山坑（刘心祈24168）。少见。

173. 卫矛科 Celastraceae

南蛇藤属 Celastrus L.

过山枫 Celastrus aculeatus Merr.

跃进水库（杜晓洁等2016/9/12 SF5），科普教育径（杜晓洁等2016/9/6 SF29）。常见。

大芽南蛇藤 Celastrus gemmatus Loes.

坝后水电站后的山沟（杜晓洁等2017/8/8 SF13）。少见。

卫矛属 Euonymus L.

百齿卫矛 Euonymus centidens H. Lév.

跃进水库（杜晓洁等2016/9/13 SF2），老隆山水电站二级电站（杜晓洁等1273）。常见。

裂果卫矛 Euonymus dielsianus Loes. ex Diels

基站（杜晓洁等1170；杜晓洁等2017/4/12上午 SF1）。少见。

疏花卫矛 Euonymus laxiflorus Champ. ex Benth.

青云山（杜晓洁等2016/9/9 SF7），黄竹岔（刘心祈24204）。常见。

中华卫矛 Euonymus nitidus Benth.

基站，青云山（刘心祈2442；刘心祈2479）。常见。

179. 茶茱萸科 Icacinaceae

定心藤属 Mappianthus Hand.-Mazz.

定心藤 Mappianthus iodoides Hand.-Mazz.

雷公礤山脚（杜晓洁等1289），科普教育径。少见。

182. 铁青树科 Schoepfiaceae

青皮木属 Schoepfia Schreb.

华南青皮木 Schoepfia chinensis Gardn. et Champ.

葛坑（杜晓洁等789），基站（杜晓洁等1220），雷公礤（杜晓洁等2017/4/10 SF1），科普教育径，出保护站公路。常见。

185. 桑寄生科 Loranthaceae

鞘花属 Macrosolen (Blume) Blume

鞘花 Macrosolen cochinchinensis (Lour.) Van Tiegh.

园洞隧道旁的土山（杜晓洁等1362）。少见。

梨果寄生属 Scurrula L.

红花寄生 Scurrula parasitica L.

青云山（刘心祈2086）。少见。

钝果寄生属 Taxillus Tiegh.

广寄生 Taxillus chinensis (DC.) Danser

跃进水电站（杜晓洁等623）。少见。

锈毛钝果寄生 Taxillus levinei (Merr.) H. S. Kiu

雷公礤（杜晓洁等176）。少见。

木兰寄生 Taxillus limprichtii (Grüning) H. S. Kiu

黄竹岔（刘心祈608）。少见。

大苞寄生属 Tolypanthus (Blume) Reichb.

大苞寄生 Tolypanthus maclurei (Merr.) Danser

黄竹岔（刘心祈23951）。少见。

槲寄生属 Viscum L.

柄果槲寄生 Viscum multinerve (Hayata) Hayata

跃进水电站—园洞村（杜晓洁等690），园洞隧道旁的石山（杜晓洁等1390），黄竹岔山腰（刘心祈24020），青云山（刘心祈2014）。常见。

189. 蛇菰科 Balanophoraceae

蛇菰属 Balanophora J. R. Forst. et G. Forst.

红冬蛇菰 Balanophora harlandii Hook. f.

基站，雷公磜。少见。

190. 鼠李科 Rhamnaceae

勾儿茶属 Berchemia Neck. ex DC.

多花勾儿茶 Berchemia floribunda (Wall.) Brongn.

苦竹坳村（杜晓洁等526），青云山（刘心祈2234）。常见。

铁包金 Berchemia lineata (L.) DC.

青云山（刘心祈1981）。少见。

光枝勾儿茶 Berchemia polyphylla var. **leioclada** (Hand.-Mazz.) Hand.-Mazz.

苦竹坳村后山沟（杜晓洁等2017/4/11下午 SF5(1)）。常见。

枳椇属 Hovenia Thunb.

枳椇 Hovenia acerba Lindl.

青云山（杜晓洁等426），黄竹岔山腰（刘心祈24098）。常见。

马甲子属 Paliurus Mill.

硬毛马甲子 Paliurus hirsutus Hemsl.

跃进水电站（杜晓洁等635）。少见。

马甲子 Paliurus ramosissimus (Lour.) Poir.

跃进水电站（杜晓洁等611），园洞水电站，蓝青（刘心祈24304）。常见。

鼠李属 Rhamnus L.

长叶冻绿 Rhamnus crenata Siebold et Zucc.

雷公磜（杜晓洁等165），苦竹坳（刘心祈24102），青云山（刘心祈2243）。常见。

长柄鼠李 Rhamnus longipes Merr. et Chun

跃进水库（杜晓洁等2016/9/12 SF19），青云山（刘心祈2230），基站（杜晓洁等1218），坝后水电站后的山沟（杜晓洁等2017/8/8 SF36），雷公礤山脚。常见。

雀梅藤属 Sageretia Brongn.

亮叶雀梅藤 Sageretia lucida Merr.

出保护站公路（杜晓洁等2017/8/7下午 SF17），坝后水电站后的山沟（杜晓洁等2017/8/8 SF14；杜晓洁等2017/8/8 SF6），雷公礤山脚（杜晓洁等1303；杜晓洁等1308），细水山磨刀坑（刘心祈24332），黄竹岔（刘心祈23948）。常见。

雀梅藤 Sageretia thea (Osbeck) M. C. Johnst.

跃进水电站（杜晓洁等2016/9/13 SF37），中洞（杜晓洁等2017/8/9上午 SF11），青云山（刘心祈2467）。常见。

翼核果属 Ventilago Gaertn.

翼核果 Ventilago leiocarpa Benth.

老隆山水电站二级电站（2018/1/3下午 SF1a）。少见。

191. 胡颓子科 Elaeagnaceae

胡颓子属 Elaeagnus L.

胡颓子 Elaeagnus pungens Thunb.

基站（杜晓洁等1211），青山村园洞村小组（杜晓洁等2016/12/20 SF7），坝后水电站后的山沟。少见。

193. 葡萄科 Vitaceae

蛇葡萄属 Ampelopsis Michx.

广东蛇葡萄 Ampelopsis cantoniensis (Hook. et Arn.) Planch.

出保护站公路旁的山沟（杜晓洁等334），中洞（杜晓洁等1076），苦竹坳水电站后的土山（杜晓洁等2017/4/11下午 SF6），黄竹岔山腰（刘心祈23939），青云山（刘心祈2125）。常见。

蛇葡萄 Ampelopsis glandulosa (Wall.) Momiy.

黄竹岔山脚（刘心祈24249），青云山（刘心祈2227）。常见。

牯岭蛇葡萄 Ampelopsis glandulosa var. **kulingensis** (Rehder) Momiy.

雷公礤（杜晓洁等2016/9/7 SF139），跃进水电站（杜晓洁等2016/9/13 SF30）。少见。

显齿蛇葡萄 Ampelopsis grossedentata (Hand.-Mazz.) W. T. Wang

葛坑（杜晓洁等2016/9/10 SF16），园洞水坝（杜晓洁等2017/4/13 SF1），青云山（刘心祈2067）。少见。

乌蔹莓属 Cayratia Juss.

白毛乌蔹莓 Cayratia albifolia C. L. Li

青云山（杜晓洁等360；杜晓洁等430）。常见。

角花乌蔹莓 **Cayratia corniculata** (Benth.) Gagnep.

苦竹坳村后水电站后山（杜晓洁等902），青云山。常见。

白粉藤属 **Cissus** L.

苦郎藤 **Cissus assamica** (Laws.) Craib

黄竹岔山腰（刘心祈24198）。少见。

地锦属 **Parthenocissus** Planch.

异叶地锦 **Parthenocissus dalzielii** Gagnep.

出保护站公路旁的山沟（杜晓洁等313）。常见。

崖爬藤属 **Tetrastigma** (Miq.) Planch.

三叶崖爬藤 **Tetrastigma hemsleyanum** Diels et Gilg

青山村园洞村小组（杜晓洁等702），园洞水坝（杜晓洁等936），雷公礤，黄竹岔（刘心祈24382）。常见。

扁担藤 **Tetrastigma planicaule** (Hook. f.) Gagnep.

青山口山腰（刘心祈24132）。常见。

194. 芸香科 Rutaceae

柑橘属 **Citrus** L.

金柑 **Citrus japonica** Thunb.

园洞水坝（杜晓洁等1328）。少见。

*柚 **Citrus maxima** (Burm.) Merr.

葛坑（杜晓洁等858）。常见。

山小橘属 **Glycosmis** Corrêa

小花山小橘 **Glycosmis parviflora** (Sims) Little

青云山（刘心祈2494）。少见。

蜜茱萸属 **Melicope** J. R. Forst. et G. Forst.

三桠苦 **Melicope pteleifolia** (Champ. ex Benth.) T. G. Hartley

园洞水电站（杜晓洁等2016/9/13 SF15），青山口山腰（刘心祈24114），园洞水坝（杜晓洁等940）。常见。

九里香属 **Murraya** J. Koenig

千里香 **Murraya paniculata** (L.) Jack

青云山（刘心祈2481）。少见。

茵芋属 **Skimmia** Thunb.

茵芋 **Skimmia reevesiana** (Fortune) Fortune

青云山（杜晓洁等443）。少见。

吴茱萸属 Tetradium Sweet

华南吴茱萸 Tetradium austrosinense (Hand.-Mazz.) T. G. Hartley

中洞（杜晓洁等2017/8/9 SF1），黄竹岔山腰（刘心祈24234）。常见。

棟叶吴茱萸 Tetradium glabrifolium (Champ. ex Benth.) T. G. Hartley

青云山（杜晓洁等2017/8/11 SF12）。常见。

吴茱萸 Tetradium ruticarpum (A. Juss.) T. G. Hartley

青云山（刘心祈2462）。少见。

牛科吴茱萸 Tetradium trichotomum Lour.

苦竹坳村（杜晓洁等562），出保护站公路（杜晓洁等908），罗庚坪村（杜晓洁等828），基站（杜晓洁等2016/12/21下午 SF6），老隆山水电站二级站。常见。

飞龙掌血属 Toddalia A. Juss.

飞龙掌血 Toddalia asiatica (L.) Lam.

苦竹坳村（杜晓洁等2016/9/11 SF11）。常见。

花椒属 Zanthoxylum L.

椿叶花椒 Zanthoxylum ailanthoides Siebold et Zucc.

雷公礤（杜晓洁等2016/9/7 SF77），坝后水电站，跃进水库。常见。

竹叶花椒 Zanthoxylum armatum DC.

黄竹岔（刘心祈24239），青云山（刘心祈2217）。少见。

簕欓花椒 Zanthoxylum avicennae (Lam.) DC.

青云山附近（刘心祈2495）。少见。

大叶臭花椒 Zanthoxylum myriacanthum Wall. ex Hook. f.

跃进水库（杜晓洁等574），青山口水电站。少见。

花椒簕 Zanthoxylum scandens Blume

葛坑（杜晓洁等866），雷公礤山脚（杜晓洁等1300），青云山（刘心祈2463）。少见。

197. 棟科 Meliaceae

棟属 Melia L.

棟 Melia azedarach L.

老隆山电站二级站，出保护站公路。常见。

198. 无患子科 Sapindaceae

伞花木属 Eurycorymbus Hand.-Mazz.

伞花木 Eurycorymbus cavaleriei (H. Lév.) Rehd. et Hand.-Mazz.

青山口水电站—下斜村（杜晓洁等1125，2017/8/10 SF7）。罕见。

无患子属 Sapindus L.

无患子 Sapindus saponaria L.

黄竹义附近（刘心祈2496）。少见。

198B. 伯乐树科 Bretschneideraceae

伯乐树属 Bretschneidera Hemsl.

伯乐树 Bretschneidera sinensis Hemsl.

跃进水库（杜晓洁等610；杜晓洁等2016/9/13 SF29）。少见。

200. 槭树科 Aceraceae

槭属 Acer L.

紫果槭 Acer cordatum Pax

园洞水坝（杜晓洁等927）。少见。

小紫果槭 Acer cordatum var. **microcordatum** Metcalf

跃进水电站（杜晓洁等2016/9/13 SF9），出保护站公路（杜晓洁等2017/8/7下午 SF3）。少见。

革叶槭 Acer coriaceifolium H. Lév.

园洞水坝（杜晓洁等2016/9/13 SF22），青云山（杜晓洁等2017/8/11 SF13）。少见。

青榨槭 Acer davidii Franch.

雷公礤（杜晓洁等2016/9/7 SF145），青云山（杜晓洁等1148），出保护站公路。常见。

罗浮槭 Acer fabri Hance

出保护站公路（杜晓洁等971），中洞（杜晓洁等2017/8/9上午 SF2），葛坑。常见。

南岭槭 Acer metcalfii Rehd.

出保护站公路（杜晓洁等824）。少见。

毛脉槭 Acer pubinerve Rehd.

罗庚坪村（杜晓洁等812；杜晓洁等825），青山村园洞村小组（杜晓洁等2016/12/20 SF5）。常见。

中华槭 Acer sinense Pax

雷公礤（杜晓洁等2016/9/7 SF148），坝后水电站后的山沟。少见。

201. 清风藤科 Sabiaceae

泡花树属 Meliosma Blume

香皮树 Meliosma fordii Hemsl.

青云山（刘心祈2182）。少见。

腺毛泡花树 Meliosma glandulosa Cufod.

青云山（杜晓洁等2016/9/9 SF33）。少见。

异色泡花树 Meliosma myriantha var. **discolor** Dunn

老隆山林场（南岭队1988）。少见。

狭序泡花树 Meliosma paupera Hand.-Mazz.

青山口山腰（刘心祈24119），青云山。少见。

笔罗子 Meliosma rigida Siebold et Zucc.

青山口水电站（杜晓洁等1130），园洞隧道旁的土山（杜晓洁等1374），下斜村。常见。

樟叶泡花树 Meliosma squamulata Hance

雷公礤（杜晓洁等2016/9/7 SF80）。少见。

山楝叶泡花树 Meliosma thorelii Lec.

科普教育径（杜晓洁等2016/9/6 SF118），青云山（杜晓洁等2016/9/9 SF37），食水坑。常见。

清风藤属 Sabia Colebr.

革叶清风藤 Sabia coriacea Rehd. et Wils.

跃进水电站（杜晓洁等2016/9/13 SF12）。少见。

柠檬清风藤 Sabia limoniacea Wall. ex Hook. f. et Thoms.

黄竹岔（刘心祈828826；刘心祈826828）。少见。

长脉清风藤 Sabia nervosa Chun ex Y. F. Wu

科普教育径（杜晓洁等952）。少见。

尖叶清风藤 Sabia swinhoei Hemsl. ex Forb. et Hemsl.

雷公礤（杜晓洁等2016/9/7 SF109），老隆山电站二级站。少见。

204. 省沽油科 Staphyleaceae

山香圆属 Turpinia Vent.

锐尖山香圆 Turpinia arguta (Lindl.) Seem.

科普教育径（杜晓洁等64；杜晓洁等776；杜晓洁等790a；杜晓洁等2016/9/6 SF21），食水坑（杜晓洁等451），雷公礤山脚（杜晓洁等1309），黄竹岔山坑（刘心祈23934）。常见。

205. 漆树科 Anacardiaceae

南酸枣属 Choerospondias B. L. Burtt et A. W. Hill

南酸枣 Choerospondias axillaris (Roxb.) B. L. Burtt et A. W. Hill

葛坑（杜晓洁等2016/9/10 SF1），雷公礤，出保护站公路，老隆山电站二级站，黄竹岔山腰（刘心祈24194），青云山（刘心祈2180）。常见。

盐肤木属 Rhus Tourn. ex L.

盐肤木 Rhus chinensis Mill.

　　出保护站公路旁的山沟（杜晓洁等328），细水山（刘心祈24325）。常见。

滨盐肤木 Rhus chinensis var. **roxburghii** (DC.) Rehd.

　　青云山（刘心祈2034）。少见。

漆树属 Toxicodendron (Tourn.) Mill.

野漆 Toxicodendron succedaneum (L.) O. Kuntze

　　苦竹坳村（杜晓洁等520）。常见。

木蜡树 Toxicodendron sylvestre (Siebold et Zucc.) Kuntze

　　青云山（刘心祈2016）。少见。

206. 牛栓藤科 Connaraceae

红叶藤属 Rourea Aubl.

小叶红叶藤 Rourea microphylla (Hook. et Arn.) Planch.

　　跃进水电站（杜晓洁等2016/9/13 SF32），青山口（刘心祈24269；刘心祈24442），青云山（刘心祈2441；刘心祈2457）。常见。

207. 胡桃科 Juglandaceae

黄杞属 Engelhardia Lesch. ex Blume

黄杞 Engelhardia roxburghiana Wall.

　　黄竹岔（刘心祈24195），青云山（刘心祈2199），科普教育径（杜晓洁等2016/9/6 SF5），中洞（杜晓洁等2017/8/9上午 SF7）。常见。

枫杨属 Pterocarya Kunth

枫杨 Pterocarya stenoptera C. DC.

　　中洞（杜晓洁等2017/8/9下午 SF8），跃进水电站（杜晓洁等2016/9/13 SF27），园洞水电站，葛坑。少见。

209. 山茱萸科 Cornaceae

山茱萸属 Cornus L.

香港四照花 Cornus hongkongensis Hemsl.

　　雷公礤（杜晓洁等2016/9/7 SF133）。少见。

210. 八角枫科 Alangiaceae

八角枫属 Alangium Lam.

八角枫 Alangium chinense (Lour.) Harms

　　出保护站公路（杜晓洁等967），黄竹岔山坑（刘心祈24240）。少见。

毛八角枫 **Alangium kurzii** Craib

葛坑（杜晓洁等2016/9/10 SF11），科普教育径。少见。

211. 蓝果树科 Nyssaceae

喜树属 Camptotheca Decne.

*喜树 **Camptotheca acuminata** Decne.

跃进水电站二级电站（杜晓洁等648）。少见。

蓝果树属 Nyssa Gronov. ex L.

蓝果树 **Nyssa sinensis** Oliv.

中洞（杜晓洁等2017/8/9 SF24），第二座桥十三公里水沟旁。少见。

212. 五加科 Araliaceae

楤木属 Aralia L.

黄毛楤木 **Aralia chinensis** L.

跃进水电站（杜晓洁等572），出保护站公路。常见。

秀丽楤木 **Aralia debilis** J. Wen

青云山（杜晓洁等367），出保护站公路（杜晓洁等984），坝后水电站后的山（杜晓洁等1039），科普教育径（杜晓洁等2016/9/6 SF72）。常见。

虎刺楤木 **Aralia finlaysoniana** (Wall. ex G. Don) Seem.

雷公礤，青云山。常见。

长刺楤木 **Aralia spinifolia** Merr.

出保护站公路旁的山沟（杜晓洁等217）。少见。

树参属 Dendropanax Decne. et Planch.

树参 **Dendropanax dentiger** (Harms) Merr.

科普教育径（杜晓洁等21），跃进水库。常见。

变叶树参 **Dendropanax proteus** (Champ. ex Benth.) Benth.

科普教育径（杜晓洁等20），苦竹坳村后的山沟（杜晓洁等2017/4/11下午 SF2）。常见。

五加属 Eleutherococcus Maxim.

刚毛白簕 **Eleutherococcus setosus** (H. L. Li) Y. R. Ling

雷公礤山脚（杜晓洁等1297），园洞（刘心祈24142）。常见。

白簕（三加皮）**Eleutherococcus trifoliatus** (L.) S. Y. Hu

雷公礤（杜晓洁等105），科普教育径（杜晓洁等2016/9/6 SF3），青云山。常见。

常春藤属 Hedera L.

常春藤 Hedera nepalensis var. sinensis (Tobl.) Rehd.

科普教育径（杜晓洁等2016/9/6 SF8），雷公礤（杜晓洁等871；杜晓洁等1315）。常见。

幌伞枫属 Heteropanax Seem.

短梗幌伞枫 Heteropanax brevipedicellatus H. L. Li

坝后水电站后的山沟，基站（杜晓洁等2016/12/21下午 SF5）。少见。

鹅掌柴属 Schefflera J. R. Forst. et G. Forst.

穗序鹅掌柴 Schefflera delavayi (Franch.) Harms ex Diels

跃进水电站（杜晓洁等675）。少见。

鹅掌柴 Schefflera heptaphylla (L.) Frodin

园洞水电站，青云山，雷公礤。很常见。

星毛鸭脚木 Schefflera minutistellata Merr. ex H. L. Li

青云山（杜晓洁等437）。少见。

213. 伞形科 Apiaceae

前胡属 Angelica L.

紫花前胡 Angelica decursiva (Miq.) Franch. et Sav.

葛坑（杜晓洁等2017/4/9下午SF2）。少见。

鸭儿芹属 Cryptotaenia DC.

鸭儿芹 Cryptotaenia japonica Hassk.

出保护站公路旁的山沟（杜晓洁等288），出保护站公路，黄竹岔山腰（刘心祈24160）。常见。

刺芹属 Eryngium L.

刺芹 Eryngium foetidum L.

黄竹岔山腰（刘心祈24197）。少见。

天胡荽属 Hydrocotyle L.

红马蹄草 Hydrocotyle nepalensis Hook.

保护区办公楼周围（杜晓洁等188），老隆山电站二级站，黄竹岔山脚（刘心祈24185）。常见。

水芹属 Oenanthe L.

水芹 Oenanthe javanica (Blume) DC.

葛坑（杜晓洁等782）。常见。

214. 山柳科 Clethraceae

桤叶树属 Clethra L.

云南桤叶树 Clethra delavayi Franch.

青云山（杜晓洁等414）。少见。

华南桤叶树 Clethra fabri Hance

雷公礤（杜晓洁等153），出保护站公路旁的山沟（杜晓洁等318）。少见。

215. 杜鹃花科 Ericaceae

吊钟花属 Enkianthus Lour.

齿缘吊钟花 Enkianthus serrulatus (E. H. Wilson) C. K. Schneid.

雷公礤（杜晓洁等874；杜晓洁等2016/9/7 SF82）。常见。

珍珠花属 Lyonia Nutt.

珍珠花 Lyonia ovalifolia (Wall.) Drude

园洞隧道旁的石山（杜晓洁等1330），科普教育径（2017/8/7 SF12），黄竹岔山腰（刘心祈24103）。少见。

小果珍珠花 Lyonia ovalifolia var. **elliptica** (Siebold et Zucc.) Hand.-Mazz

青云山（刘心祈2073）。少见。

杜鹃属 Rhododendron L.

多花杜鹃 Rhododendron cavaleriei H. Lév.

苦竹坳村（杜晓洁等533），雷公礤。少见。

粘毛杜鹃 Rhododendron glischrum Balf. f. et W. W. Sm.

青云山（杜晓洁等2016/9/9 SF21）。少见。

光枝杜鹃 Rhododendron haofui Chun et W. P. Fang

出保护站公路（杜晓洁等2017/8/7 SF8），出保护站公路旁的山沟（杜晓洁等249）。少见。

广东杜鹃 Rhododendron kwangtungense Merr. et Chun

出保护站公路旁的山沟（杜晓洁等337），青山村园洞村小组（杜晓洁等2016/12/20 SF11），雷公礤（杜晓洁等2016/9/7 SF146），科普教育径（杜晓洁等2017/8/7 SF13；杜晓洁等2017/8/7 SF15）。常见。

鹿角杜鹃 Rhododendron latoucheae Franch.

青云山、雷公礤。常见。

岭南杜鹃 Rhododendron mariae Hance

科普教育径（杜晓洁等2016/9/6 SF24），罗庚坪村（杜晓洁等835），黄竹岔山坑（刘心祈23916），龙仙（T. C. Wu 742）。常见。

毛棉杜鹃 Rhododendron moulmainense Hook. f.

黄竹岔山坑（刘心祈24049），青云山（刘心祈2069），科普教育径（杜晓洁等779），出保护站公路（杜晓洁等817），基站（杜晓洁等1200），坝后水电站后的山沟。很常见。

马银花 Rhododendron ovatum (Lindl.) Planch. ex Maxim.

青云山（杜晓洁等396）。少见。

猴头杜鹃（南华杜鹃）Rhododendron simiarum Hance

青云山。少见。

杜鹃 Rhododendron simsii Planch.

雷公礤（杜晓洁等156；杜晓洁等883），青云山。常见。

越橘属 Vaccinium L.

南烛（乌饭树）Vaccinium bracteatum Thunb.

基站（杜晓洁等1178），雷公礤（杜晓洁等2016/9/7 SF132），青云山（2016/9/9 SF12）。常见。

短尾越橘 Vaccinium carlesii Dunn

青山口水电站—下斜村（杜晓洁等1131），青云山（杜晓洁等2017/8/11 SF16），黄竹岔山坑（刘心祈23971）。少见。

刺毛越橘 Vaccinium trichocladum Merr. et Metc.

黄竹岔溪边（刘心祈23980），青云山（刘心祈1989），葛坑（杜晓洁等800；杜晓洁等863），出保护站公路（杜晓洁等863），基站（杜晓洁等1190），青山村园洞村小组（杜晓洁等2016/12/20 SF10），跃进水电站（2017/4/12上午 SF12）。很常见。

221. 柿树科 Ebenaceae

柿属 Diospyros L.

*柿 Diospyros kaki Thunb.

雷公礤（杜晓洁等2016/9/7 SF94），青山口水电站（杜晓洁等2017/8/10 SF1），科普教育径，黄竹岔山腰（刘心祈24171）。常见。

野柿 Diospyros kaki var. silvestris Makino

青云山（刘心祈2071）。常见。

罗浮柿 Diospyros morrisiana Hance

黄竹岔山腰（刘心祈24083），出保护站公路旁的山沟（杜晓洁等338），基站（杜晓洁等1165），雷公礤（杜晓洁等2016/9/7 SF130）。常见。

延平柿 Diospyros tsangii Merr.

青山口水电站（杜晓洁等1121），出保护站公路（杜晓洁等2017/8/7 SF12）。少见。

岭南柿 Diospyros tutcheri Dunn

  出保护站公路。少见。

223. 紫金牛科 Myrsinaceae

紫金牛属 Ardisia Sw.

九管血 Ardisia brevicaulis Diels

  青云山（杜晓洁等418；杜晓洁等1160）。少见。

小紫金牛 Ardisia chinensis Benth.

  出保护站公路旁的山沟（杜晓洁等260），科普教育径（杜晓洁等2017/8/7 SF2）。少见。

朱砂根 Ardisia crenata Sims

  园洞隧道旁的土山（杜晓洁等1366）。少见。

大罗伞树 Ardisia hanceana Mez

  园洞隧道旁的土山（杜晓洁等1355），青云山（杜晓洁等438）。少见。

紫金牛 Ardisia japonica (Thunb.) Blume

  雷公礤（杜晓洁等2016/9/7 SF85），青云山（杜晓洁等441）。少见。

山血丹 Ardisia lindleyana D. Dietr.

  雷公礤（杜晓洁等2016/9/7 SF114），食水坑（杜晓洁等271），坝后水电站后的山沟（杜晓洁等1018），基站。常见。

虎舌红 Ardisia mamillata Hance

  青云山（杜晓洁等370），青山村园洞村小组（杜晓洁等736），老隆山水电站二级电站（杜晓洁等1250），跃进水库（杜晓洁等2016/9/13 SF6）。常见。

光萼紫金牛 Ardisia omissa C. M. Hu

  青山村园洞村小组（杜晓洁等737），基站。常见。

莲座紫金牛 Ardisia primulifolia Gardner et Champ.

  雷公礤（杜晓洁等2016/9/7 SF140）。常见。

九节龙 Ardisia pusilla A. DC.

  雷公礤（杜晓洁等2016/9/7 SF116），青山村园洞村小组（杜晓洁等718），葛坑（杜晓洁等798）。常见。

罗伞树 Ardisia quinquegona Blume

  青山口水电站（杜晓洁等1123），园洞隧道旁的土山（杜晓洁等1343）。常见。

雪下红 Ardisia villosa Roxb.

  科普教育径（杜晓洁等40）。少见。

酸藤子属 Embelia Burm. f.

酸藤子 Embelia laeta (L.) Mez

科普教育径（杜晓洁等2017/4/7 SF4），雷公礤。常见。

当归藤 Embelia parviflora Wall. ex A. DC.

出保护站公路旁的山沟（杜晓洁等2016/9/8 SF13），跃进水电站（杜晓洁等632），园洞水坝（杜晓洁等933），第二座桥十三公里水沟。少见。

平叶酸藤子 Embelia undulata (Wall.) Mez

坝后水电站后的山沟（杜晓洁等2017/8/8 SF23），出保护站公路旁的山沟（杜晓洁等2016/9/8 SF7），老隆山水电站二级电站（杜晓洁等1255），青山村园洞村小组（杜晓洁等等2016/12/20 SF2）。常见。

密齿酸藤子 Embelia vestita Roxb.

跃进水库（杜晓洁等2016/9/12 SF9），基站（杜晓洁等1172；杜晓洁等2016/12/21 SF2），苦竹坳村后的山沟（杜晓洁等2017/4/11上午 SF2；杜晓洁等2017/4/11上午 SF5），出保护站公路（杜晓洁等2017/4/9 SF3）。常见。

杜茎山属 Maesa Forssk.

杜茎山 Maesa japonica (Thunb.) Moritzi et Zoll.

青山村园洞村小组（杜晓洁等715），科普教育径（杜晓洁等88；杜晓洁等771；杜晓洁等772；杜晓洁等783a），葛坑（杜晓洁等793）。很常见。

金珠柳 Maesa montana A. DC.

雷公礤（杜晓洁等2016/9/7 SF146a），老隆山电站二级站。少见

鲫鱼胆 Maesa perlarius (Lour.) Merr.

跃进水电站（杜晓洁等654），苦竹坳村后的山沟（杜晓洁等894），中洞（杜晓洁等2017/8/9下午 SF10），跃进水电站二级电站。常见。

铁仔属 Myrsine L.

密花树 Myrsine seguinii H. Lév.

园洞隧道旁的土山（杜晓洁等1363），青云山。常见。

224. 安息香科 Styracaceae

赤杨叶属 Alniphyllum Matsum.

赤杨叶（拟赤杨）Alniphyllum fortunei (Hemsl.) Makino

坝后水电站后的山沟（杜晓洁等1043），雷公礤（杜晓洁等2016/9/7 SF97），青云山（杜晓洁等2016/9/9 SF41；杜晓洁等2017/8/11X SF12a；刘心祈2556），黄竹岔山腰（刘心祈24182）。常见。

山茉莉属 Huodendron Rehder

岭南山茉莉 Huodendron biaristatum var. parviflorum (Merr.) Rehd.

科普教育径（杜晓洁等2016/9/6 SF30），黄竹岔山腰（刘心祈24144），青云山（刘心祈2103），葛坑（杜晓洁等2017/8/9下午 SF4），跃进水库，出保护区公路。常见。

安息香属 Styrax L.

赛山梅 Styrax confusus Hemsl.

青云山（杜晓洁等2017/8/11X SF15），中洞。少见。

白花龙 Styrax faberi Perk.

跃进水电站（杜晓洁等651）。常见。

野茉莉 Styrax japonicus Siebold et Zucc.

黄竹岔山腰（刘心祈24221）。少见。

大果安息香 Styrax macrocarpus Cheng

出保护站公路旁的山沟（杜晓洁等2016/9/8 SF22）。少见。

芬芳安息香 Styrax odoratissimus Champ. ex Benth.

青云山（杜晓洁等2016/9/9 SF3），中洞（杜晓洁等2017/8/9上午 SF3），出保护站公路。常见。

栓叶安息香 Styrax suberifolius Hook. et Arn.

园洞水电站（杜晓洁等2016/9/13 SF24），青山口电站，黄竹岔山腰（刘心祈24044）。常见。

越南安息香 Styrax tonkinensis (Pierre) Craib ex Hartw.

青云山（杜晓洁等2016/9/9 SF46），葛坑（杜晓洁等2017/4/7下午 SF3），坝后水电站后的山沟，基站。常见。

225. 山矾科 Symplocaceae

山矾属 Symplocos Jacq.

腺叶山矾 Symplocos adenophylla Wall. ex G. Don

蓝青（刘心祈24311）。少见。

越南山矾 Symplocos cochinchinensis (Lour.) S. Moore

青云山（刘心祈2023），跃进水库（杜晓洁等615），老隆山水电站二级电站（杜晓洁等1259），苦竹坳村（杜晓洁等2016/9/11 SF9），中洞（杜晓洁等2017/8/9上午 SF8）。常见。

黄牛奶树 Symplocos cochinchinensis var. laurina (Retz.) Noot.

雷公礤（杜晓洁等2017/4/10 SF2），青云山（杜晓洁等357），坝后水电站后的山沟（杜晓洁等1037），出保护站公路，黄竹岔山腰（刘心祈24211）。常见。

密花山矾 Symplocos congesta Benth.

青云山（刘心祈2062），坝后水电站后的山沟（杜晓洁等1030），基站（杜晓洁等1185），科普教育径（杜晓洁等2016/9/6 SF18），雷公礤。常见。

羊舌树 Symplocos glauca (Thunb.) Koidz.

青云山（刘心祈1973），雷公礤。少见。

毛山矾 Symplocos groffii Merr.

雷公礤山脚（杜晓洁等1292），坝后水电站后的山沟（杜晓洁等2017/8/8 SF8）。少见。

海桐山矾 Symplocos heishanensis Hayata

雷公礤（杜晓洁等2016/9/7 SF149），跃进水库（杜晓洁等2016/9/12 SF18），基站（杜晓洁等1179）。较常见。

光叶山矾 Symplocos lancifolia Siebold et Zucc.

黄竹岔（刘心祈23908；刘心祈23956），青云山（刘心祈1972；刘心祈2201）。常见。

光亮山矾 Symplocos lucida (Thunb.) Siebold et Zucc.

雷公礤（杜晓洁等121），跃进水库（杜晓洁等599），科普教育径。常见。

白檀（华山矾）Symplocos paniculata (Thunb.) Miq.

跃进水电站（杜晓洁等2016/9/13 SF34），青云山（刘心祈2283），黄竹岔（刘心祈24258）。常见。

南岭山矾 Symplocos pendula var. **hirtistylis** (C. B. Clarke) Noot.

黄竹岔山坑（刘心祈23943A）。少见。

铁山矾 Symplocos pseudobarberina Gontsch.

青云山（杜晓洁等427）。少见。

老鼠矢 Symplocos stellaris Brand

雷公礤（杜晓洁等2016/9/7 SF89）。少见。

山矾 Symplocos sumuntia Buch.-Ham. ex D. Don

食水坑（杜晓洁等2016/9/10 SF10）。少见。

绿枝山矾 Symplocos viridissima Brand

基站（杜晓洁等1217），坝后水电站后的山沟（杜晓洁等2017/8/8 SF3）。少见。

228. 马钱科 Loganiaceae

醉鱼草属 Buddleja L.

白背枫（驳骨丹）Buddleja asiatica Lour.

科普教育径（杜晓洁等945），青云山（杜晓洁等388；刘心祈1967；刘心祈2099），黄竹岔山坑（刘心祈24081）。常见。

钩吻属 Gelsemium Juss.

钩吻 Gelsemium elegans (Gardn. et Champ.) Benth.

青云山（杜晓洁等2016/9/9 SF43；刘心祈2173）。少见。

马钱属 Strychnos L.

华马钱 Strychnos cathayensis Merr.

青云山（刘心祈2464）。少见。

229. 木犀科 Oleaceae

梣属 Fraxinus L.

白蜡树 Fraxinus chinensis Roxb.

出保护站公路（杜晓洁等1234）。少见。

苦枥木 Fraxinus insularis Hemsl.

出保护站公路，葛坑。少见。

素馨属 Jasminum L.

清香藤 Jasminum lanceolaria Roxb.

青云山（杜晓洁等2016/9/9 SF15），园洞水电站，青云山（E. D. Merrill 2299）。少见。

女贞属 Ligustrum L.

日本女贞 Ligustrum japonicum Thunb.

雷公礤（杜晓洁等149）。少见。

女贞 Ligustrum lucidum W. T. Aiton

黄竹岔（刘心祈24051），青云山（刘心祈2179）。少见。

小蜡 Ligustrum sinense Lour.

科普教育径（杜晓洁等769），园洞隧道旁的土山（杜晓洁等1325a），跃进水电站（杜晓洁等2016/9/13 SF35）。常见。

光萼小蜡 Ligustrum sinense var. **myrianthum** (Diels) Hoefker

黄竹岔（刘心祈2160），黄竹岔山腰（刘心祈23935）。少见。

木犀榄属 Olea L.

云南木樨榄 Olea tsoongii (Merr.) P. S. Green

黄竹岔（刘心祈24387），青山口水电站（杜晓洁等2017/8/10 SF25）。少见。

木犀属 Osmanthus Lour.

牛矢果 Osmanthus matsumuranus Hayata

黄竹岔（刘心祈1982）。少见。

小叶月桂 Osmanthus minor P. S. Green

黄竹岔（曾怀德2024）。少见。

230. 夹竹桃科 Apocynaceae

链珠藤属 Alyxia Banks ex R. Br.

链珠藤 Alyxia sinensis Champ. ex Benth.

雷公礤（杜晓洁等2016/9/7 SF81）。少见。

鳝藤属 Anodendron A. DC.

鳝藤 Anodendron affine (Hook. et Arn.) Druce

青云山（刘心祈2435）。少见。

帘子藤属 Pottsia Hook. et Arn.

帘子藤 Pottsia laxiflora (Blume) Kuntze

跃进水电站（杜晓洁等653）。少见。

络石属 Trachelospermum Lem.

络石 Trachelospermum jasminoides (Lindl.) Lem.

出保护站公路旁的山沟（杜晓洁等316），青云山（杜晓洁等2017/8/11 SF11），蓝青（刘心祈24307）。少见。

水壶藤属 Urceola Roxb.

酸叶胶藤 Urceola rosea (Hook. et Arn.) D. J. Middleton

跃进水电站（杜晓洁等2016/9/13 SF26），青云山（杜晓洁等2017/8/11 SF9），园洞水电站，青山口水电站。常见。

231. 萝摩科 Asclepiadaceae

马利筋属 Asclepias L.

*马利筋 Asclepias curassavica L.

蓝青（刘心祈24314）。少见。

白叶藤属 Cryptolepis R. Br.

白叶藤 Cryptolepis sinensis (Lour.) Merr.

跃进水电站（杜晓洁等2016/9/13 SF33）。少见。

鹅绒藤属 Cynanchum L.

刺瓜 Cynanchum corymbosum Wight

青云山（刘心祈2488）。少见。

山白前 Cynanchum fordii Hemsl.

青云山（刘心祈2266）。少见。

毛白前 Cynanchum mooreanum Hemsl.

跃进水电站（杜晓洁等2016/9/13 SF38）。

柳叶白前 **Cynanchum stauntonii** (Decne.) Schltr. ex H. Lév.

　　青云山（刘心祈24339）。少见。

匙羹藤属 **Gymnema** R. Br.

匙羹藤 **Gymnema sylvestre** (Retz.) R. Br. ex Schult.

　　青云山（刘心祈2450）。少见。

醉魂藤属 **Heterostemma** Wight et Arn.

醉魂藤 **Heterostemma alatum** Wight

　　青山口（杜晓洁等1146；刘心祈24117），青云山（刘心祈2468），园洞水坝（杜晓洁等1370）。少见。

牛奶菜属 **Marsdenia** R. Br.

牛奶菜 **Marsdenia sinensis** Hemsl.

　　跃进水电站（杜晓洁等649）。少见。

蓝叶藤 **Marsdenia tinctoria** R. Br.

　　青云山（刘心祈2480）。少见。

娃儿藤属 **Tylophora** R. Br.

娃儿藤 **Tylophora ovata** (Lindl.) Hook. ex Steud.

　　青云山（杜晓洁等402），中洞（杜晓洁等1054）。少见。

232. 茜草科 **Rubiaceae**

水团花属 **Adina** Salisb.

水团花 **Adina pilulifera** (Lam.) Franch. ex Drake

　　科普教育径（杜晓洁等2016/9/6 SF16），中洞（杜晓洁等1058），黄竹岔（刘心祈1991；刘心祈23988）。常见。

细叶水团花 **Adina rubella** Hance

　　蓝青（刘心祈24305）。少见。

茜树属 **Rubiaceae** Juss.

香楠 **Aidia canthioides** (Champ. ex Benth.) Masam.

　　出保护站公路，青云山（刘心祈2470）。少见。

茜树 **Aidia cochinchinensis** Lour.

　　青云山（刘心祈2087；刘心祈2202；刘心祈2493），黄竹岔山腰（刘心祈24033），基站（杜晓洁等1184）。常见。

多毛茜草树 **Aidia pycnantha** (Drake) Tirveng.

青云山（刘心祈2448）。少见。

白香楠属 **Alleizettella** Pit.

白果香楠 **Alleizettella leucocarpa** (Champ. ex Benth.) Tirveng.

科普教育径（杜晓洁等83），雷公礤（杜晓洁等876）。少见。

风箱树属 **Cephalanthus** L.

风箱树 **Cephalanthus tetrandrus** (Roxb.) Ridsd et Bakh. f.

青山口（刘心祈24338）。少见。

流苏子属 **Coptosapelta** Korth.

流苏子 **Coptosapelta diffusa** (Champ. ex Benth.) Van Steenis

青云山（杜晓洁等2016/9/9 SF11），科普教育径（杜晓洁等2017/4/7 SF2），园洞（刘心祈24299）。常见。

狗骨柴属 **Diplospora** DC.

狗骨柴 **Diplospora dubia** (Lindl.) Masam.

黄竹岔（刘心祈2171；刘心祈23978），食水坑（杜晓洁等2016/9/10 SF6），出保护站公路—罗庚坪村（杜晓洁等827）。常见。

栀子属 **Gardenia** J. Ellis

栀子 **Gardenia jasminoides** J. Ellis

雷公礤（杜晓洁等168），基站（杜晓洁等1222），青云山（刘心祈2148），黄竹岔右山（刘心祈23955）。常见。

耳草属 **Hedyotis** L.

剑叶耳草 **Hedyotis caudatifolia** Merr. et Metcalf

出保护站公路。少见。

圆茎耳草 **Hedyotis corymbosa** var. **tereticaulis** W. C. Ko

黄竹岔山脚（刘心祈24253）。少见。

白花蛇舌草 **Hedyotis diffusa** Willd.

跃进水库，青云山。常见。

牛白藤 **Hedyotis hedyotidea** (DC.) Merr.

黄竹岔右山（刘心祈23923），青云山（杜晓洁等369；刘心祈2002）。常见。

疏花耳草 **Hedyotis matthewii** Dunn

科普教育径。常见。

粗毛耳草 Hedyotis mellii Tutch.

科普教育径（杜晓洁等30），坝后水电站后的山沟（杜晓洁等1003）。常见。

纤花耳草 Hedyotis tenelliflora Blume

雷公礤（杜晓洁等135），葛坑（杜晓洁等505）。常见。

细梗耳草 Hedyotis tenuipes Hemsl.

出保护站公路旁的山沟（杜晓洁等351）。少见。

粗叶耳草 Hedyotis verticillata (L.) Lam.

青云山（杜晓洁等394），下斜村（杜晓洁等1135）。常见。

粗叶木属 Lasianthus Jack

斜基粗叶木 Lasianthus attenuatus Jack

科普教育径（杜晓洁等2016/9/6 SF14）。少见。

粗叶木 Lasianthus chinensis (Champ.) Benth.

科普教育径（杜晓洁等766），罗庚坪村（杜晓洁等822）。常见。

罗浮粗叶木 Lasianthus fordii Hance

基站（杜晓洁等1189），跃进水库。常见。

西南粗叶木 Lasianthus henryi Hutchins.

坝后水电站后的山沟（杜晓洁等1026）。少见。

日本粗叶木 Lasianthus japonicus Miq.

雷公礤（杜晓洁等877），黄竹岔（刘心祈2161）。少见。

钟萼粗叶木 Lasianthus trichophlebus Hemsl.

出保护站公路旁的山沟（杜晓洁等253）。少见。

巴戟天属 Morinda L.

羊角藤 Morinda umbellata subsp. **obovata** Y. Z. Ruan

黄竹岔（刘心祈23982），青云山（刘心祈2033）。少见。

巴戟天 Morinda officinalis F. C. How

青云山（杜晓洁等417），基站（杜晓洁等1197），雷公礤，坝后水电站的山沟。少见。

鸡眼藤 Morinda parvifolia Bartl. ex DC.

雷公礤（杜晓洁等134）。少见。

玉叶金花属 Mussaenda L.

楠藤 Mussaenda erosa Champ. ex Benth.

雷公礤（杜晓洁等2016/9/6 SF30），出保护区公路（杜晓洁等974）。少见。

广东玉叶金花 Mussaenda kwangtungensis H. L. Li

出保护区公路（杜晓洁等972）。少见。

玉叶金花 Mussaenda pubescens W. T. Aiton

科普教育径（杜晓洁等34），黄竹岔（刘心祈2151；刘心祈24087）。常见。

大叶白纸扇（黐花）Mussaenda shikokiana Makino

黄竹岔（刘心祈2265；刘心祈24159），雷公礤（杜晓洁等119）。常见。

腺萼木属 Mycetia Reinw.

华腺萼木 Mycetia sinensis (Hemsl.) Craib

科普教育径（杜晓洁等74），青山村园洞村小组（杜晓洁等749），坝后水电站后的山沟（杜晓洁等1031），黄竹岔（刘心祈1996；刘心祈23940）。常见。

新耳草属 Neanotis W. H. Lewis

薄叶新耳草 Neanotis hirsuta (L. f.) W. H. Lewis

雷公礤（杜晓洁等133）。少见。

广东新耳草 Neanotis kwangtungensis (Merr. et F. P. Metcalf) W. H. Lewis

青云山（刘心祈2471）。少见。

蛇根草属 Ophiorrhiza L.

广州蛇根草 Ophiorrhiza cantoniensis Hance

青山村园洞村小组（杜晓洁等709；杜晓洁等719）。常见。

日本蛇根草 Ophiorrhiza japonica Blume

雷公礤（杜晓洁等2016/9/7 SF93），出保护站公路旁的山沟（杜晓洁等239），青山村园洞村小组（杜晓洁等710），科普教育径（杜晓洁等787a）。常见。

短小蛇根草 Ophiorrhiza pumila Champ. ex Benth.

青云山（杜晓洁等405），跃进水电站，出保护区公路，科普教育径，黄竹岔（刘心祈2412）。常见。

九节属 Psychotria L.

溪边九节 Psychotria fluviatilis Chun ex W. C. Chen

老隆山电站二级站（杜晓洁等1275），黄竹岔（刘心祈24218）。少见。

假九节 Psychotria tutcheri Dunn

出保护站公路旁的山沟（杜晓洁等272），青云山（刘心祈2444），黄竹岔山腰（刘心祈24030）。少见。

茜草属 Rubia L.

金剑草 Rubia alata Wall.

青云山（刘心祈2232），黄竹岔（刘心祈24394），园洞隧道旁的土山（杜晓洁等1369）。少见。

茜草 Rubia cordifolia L.

科普教育径（杜晓洁等2016/9/6 SF1），青云山（杜晓洁等403）。常见。

多花茜草 Rubia wallichiana Decne.

青云山。少见。

白马骨属 Serissa Comm. ex Juss.

白马骨 Serissa serissoides (DC.) Druce

黄竹岙山腰（刘心祈24048）。少见。

丰花草属 Spermacoce L.

阔叶丰花草 Spermacoce alata Aubl.

跃进水库（杜晓洁等577）。常见。

乌口树属 Tarenna Gaertn.

尖萼乌口树 Tarenna acutisepala F. C. How ex W. C. Chen

青山村园洞水村小组（杜晓洁等716）。少见。

白花苦灯笼 Tarenna mollissima (Hook. et Arn.) B. L. Rob.

老隆山水电站二级站（杜晓洁等763），葛坑（杜晓洁等1093），青云山（刘心祈2110），黄竹岙山坑（刘心祈24006）。常见。

钩藤属 Uncaria Schreb.

毛钩藤 Uncaria hirsuta Havil.

黄竹岙（刘心祈842）。少见。

钩藤 Uncaria rhynchophylla (Miq.) Miq. ex Havil.

青山口水电站（杜晓洁等1137），青云山（杜晓洁等2016/9/9 SF5），科普教育径（杜晓洁等2017/8/7 SF9）。常见。

233. 忍冬科 Caprifoliaceae

忍冬属 Lonicera L.

华南忍冬（水忍冬）Lonicera confusa DC.

雷公礤山脚（杜晓洁1284）。少见。

菰腺忍冬 Lonicera hypoglauca Miq.

黄竹岙山腰（刘心祈23952）。少见。

忍冬 Lonicera japonica Thunb.

坝后水电站后的山沟（杜晓洁等2017/8/8 SF17），跃进水库（杜晓洁等2016/9/12 SF28）。常见。

大花忍冬 Lonicera macrantha (D. Don) Spreng.

跃进水库（杜晓洁等620），老隆山水电站二级站（杜晓洁等1246），基站（杜晓洁等1192），青云山（刘心祈2461）。常见。

接骨木属 Sambucus L.

接骨草 Sambucus javanica Blume

科普教育径（杜晓洁等44），黄竹岔山腰（邓良235），食水坑（杜晓洁等456）。常见。

荚蒾属 Viburnum L.

南方荚蒾 Viburnum fordiae Hance

出保护站公路旁的山沟（杜晓洁等295），跃进水电站（杜晓洁等597），葛坑（杜晓洁等780），第二座桥十三公里沟，老隆山林场（刘心祈1988）。常见。

淡黄荚蒾 Viburnum lutescens Blume

青云山（刘心祈2197）。少见。

吕宋荚蒾 Viburnum luzonicum Rolfe

黄竹岔山腰（刘心祈23929），中洞（杜晓洁等1085）。少见。

珊瑚树 Viburnum odoratissimum Ker Gawl.

雷公礤山脚（杜晓洁等1304），青云山（杜晓洁等2016/9/9 F39）。常见。

235. 败酱科 Valerianaceae

败酱属 Patrinia Juss.

败酱 Patrinia scabiosifolia Link

黄竹岔山坑（刘心祈24223）。少见。

攀倒甑 Patrinia villosa (Thunb.) Juss.

科普教育径（杜晓洁等29），黄竹岔（刘心祈24403），葛坑（杜晓洁等503；杜晓洁等865），坝后水电站后的山沟（杜晓洁等1019），食水坑（杜晓洁等1396）。常见。

238. 菊科 Asteraceae

金钮扣属 Acmella Pers.

金钮扣 Acmella paniculata (Wall. ex DC.) R. K. Jansen

出保护站公路旁的山沟（杜晓洁等304）。常见。

下田菊属 Adenostemma J. R. Forst. et G. Forst.

下田菊 Adenostemma lavenia (L.) O. Kuntze

青山村园洞村小组（杜晓洁等725），老隆山电站二级站。常见。

藿香蓟属 Ageratum L.

藿香蓟 Ageratum conyzoides L.

出保护站公路旁的山沟（杜晓洁等225），葛坑（杜晓洁等479），黄竹岔山腰（刘心祈2228；刘心祈24079）。常见。

兔儿风属 Ainsliaea DC.

杏香兔儿风 Ainsliaea fragrans Champ. ex Benth.

青山村园洞村小组（杜晓洁等735），雷公礤（杜晓洁等886；杜晓洁等1322）。常见。

灯台兔儿风 Ainsliaea kawakamii Hayata

雷公礤（杜晓洁等352），青云山（杜晓洁等381）。常见。

豚草属 Ambrosia L.

豚草 Ambrosia artemisiifolia L.

跃进水库（杜晓洁等616；杜晓洁等682），园洞水电站。常见。

山黄菊属 Anisopappus Hook. et Arn.

山黄菊 Anisopappus chinensis (L.) Hook. et Arn.

黄竹岔（刘心祈24225），青云山（刘心祈2154）。少见。

蒿属 Artemisia L.

奇蒿 Artemisia anomala S. Moore

科普教育径（杜晓洁等31），黄竹岔（刘心祈24367），葛坑（杜晓洁等480）。常见。

青蒿 Artemisia caruifolia Buch.-Ham. ex Roxb.

科普教育径。少见。

五月艾 Artemisia indica Willd.

苦竹坳村（杜晓洁等538），出保护站办公楼旁的山沟（杜晓洁等2016/9/8 SF5），苦竹坳村。常见。

牡蒿 Artemisia japonica Thunb.

青山口（刘心祈24336）。常见。

白苞蒿 Artemisia lactiflora Wall. ex DC.

食水坑（杜晓洁等210；杜晓洁等452），青山村园洞村小组（杜晓洁等752），葛坑（杜晓洁等792）。常见。

矮蒿 Artemisia lancea Vaniot

青山口（刘心祈24335）。少见。

紫菀属 Aster L.

白舌紫菀 Aster baccharoides (Benth.) Steetz

葛坑（杜晓洁等799a；杜晓洁等1089）。常见。

马兰 Aster indicus L.

黄竹岔（刘心祈24380），青云山（刘心祈2152）。少见。

短冠东风菜 Aster marchandii H. Lév.

青云山（刘心祈2455），葛坑（杜晓洁等494）。少见。

短舌紫菀 Aster sampsonii (Hance) Hemsl.

雷公礤（杜晓洁等167），黄竹岔山腰（刘心祈24229）。常见。

三脉紫菀 Aster trinervius subsp. **ageratoides** (Turcz.) Grierson

科普教育径（杜晓洁等38），青云山（杜晓洁等382），罗庚坪村（杜晓洁等853），中洞（杜晓洁等1072）。常见。

鬼针草属 Bidens L.

鬼针草 Bidens pilosa L.

黄竹岔山脚（刘心祈23984），出保护站公路旁的山沟（杜晓洁等325）。常见。

白花鬼针草 Bidens pilosa L. var. **radiata** Sch.-Bip.

保护站办公楼附近（杜晓洁等204）。常见。

狼杷草 Bidens tripartita L.

跃进水库（杜晓洁等612），青云山（刘心祈2453）。少见。

艾纳香属 Blumea DC.

东风草 Blumea megacephala (Randeria) C. C. Chang et Y. Q. Tseng

出保护站办公楼附近的山沟（杜晓洁等252），基站（杜晓洁等1182）。常见。

天名精属 Carpesium L.

天名精 Carpesium abrotanoides L.

黄竹岔（刘心祈850）。少见。

烟管头草 Carpesium cernuum L.

食水坑（杜晓洁等461）。少见。

金挖耳 Carpesium divaricatum Siebold et Zucc.

黄竹岔山腰（刘心祈24147）。少见。

飞机草属 Chromolaena DC.

飞机草 Chromolaena odorata (L.) R. M. King et H. Rob.

食水坑（杜晓洁等469）。少见。

蓟属 Cirsium Mill.

蓟 Cirsium japonicum Fisch. ex DC.

罗庚坪村（杜晓洁等821）。少见。

白酒草属 Conyza Less.

苏门白酒草 Conyza sumatrensis (Retz.) E. Walker

葛坑。少见。

野茼蒿属 Crassocephalum Moench

野茼蒿（革命菜）Crassocephalum crepidioides (Benth.) S. Moore

出保护站公路旁的山沟（杜晓洁等323），第二座桥十三公里水沟旁。常见。

鱼眼草属 Dichrocephala L'Hér. ex DC.

鱼眼草（鱼眼菊）Dichrocephala integrifolia (L. f.) Kuntze

科普教育径（杜晓洁等96），磨刀坑（刘心祈24331）。常见。

旋覆花属 Duhaldea DC.

羊耳菊 Duhaldea cappa (Buch.-Ham. ex D. Don) Pruski et Anderb.

科普教育径（杜晓洁等35），青云山（刘心祈2368）。常见。

鳢肠属 Eclipta L.

鳢肠 Eclipta prostrata (L.) L.

黄竹岔山脚（刘心祈23930），青云山（杜晓洁等395；刘心祈2045）。常见。

地胆草属 Elephantopus L.

地胆草 Elephantopus scaber L.

青山口（刘心祈24334），青云山（刘心祈2079）。少见。

一点红属 Emilia Cass.

一点红 Emilia sonchifolia (L.) DC.

青云山（刘心祈2078），出保护站公路旁的山沟（杜晓洁等322），苦竹坳村（杜晓洁等557），中洞（杜晓洁等1066）。常见。

菊芹属 Erechtites Raf.

败酱叶菊芹 Erechtites valerianifolius (Link ex Spreng.) DC.

出保护站公路旁的山沟（杜晓洁等332）。少见。

飞蓬属 Erigeron L.

一年蓬 Erigeron annuus (L.) Pers.

跃进水电站（杜晓洁等630），园洞水电站。常见。

香丝草 Erigeron bonariensis L.

葛坑（杜晓洁等485）。常见。

小蓬草 **Erigeron canadensis** L.

食水坑（杜晓洁等203），葛坑，黄竹岔山脚（刘心祈2288；刘心祈24231；刘心祈24257），青云山（刘心祈2042）。常见。

泽兰属 **Eupatorium** L.

多须公（华泽兰）**Eupatorium chinense** L.

青云山（刘心祈2452），葛坑（杜晓洁等501）。少见。

白头婆（泽兰）**Eupatorium japonicum** Thunb.

青云山（杜晓洁等372，杜晓洁等1161）。少见。

林泽兰 **Eupatorium lindleyanum** DC.

黄竹岔山顶（刘心祈24222）。少见。

牛膝菊属 **Galinsoga** Ruiz et Pav.

牛膝菊 **Galinsoga parviflora** Cav.

跃进水库（杜晓洁等591），科普教育径（杜晓洁等782a）。常见。

鼠麹草属 **Gamochaeta** Wedd.

匙叶鼠麹草 **Gamochaeta pensylvanica** (Willd.) Cabrera

出保护站公路（杜晓洁等2017/8/7下午SF16）。常见。

小苦荬属 **Ixeridium** (A. Gray) Tzvelev

小苦荬 **Ixeridium dentatum** (Thunb.) Tzvel.

苦竹坳村（杜晓洁等525）。常见。

苦荬菜属 **Ixeris** (Cass.) Cass.

苦荬菜 **Ixeris polycephala** Cass. ex DC.

出保护站公路旁的山沟（杜晓洁等219），跃进水库（杜晓洁等590），跃进水电站（杜晓洁等640）。常见。

莴苣属 **Lactuca** L.

翅果菊 **Lactuca indica** L.

出保护站公路旁的山沟（杜晓洁等220）。少见。

六棱菊属 **Laggera** Sch. Bip. ex Benth. et Hook. f.

六棱菊 **Laggera alata** (D. Don) Sch. Bip. ex Oliv.

青云山（刘心祈1970）。少见。

稻槎菜属 **Lapsanastrum** Pak et K. Bremer

稻槎菜 **Lapsanastrum apogonoides** (Maxim.) Pak et K. Bremer

黄竹岔（刘心祈824）。少见。

橐吾属 Ligularia Cass.

大头橐吾 Ligularia japonica (Thunb.) Less.

黄竹岔山坑（刘心祈24106），青云山（杜晓洁等435）。少见。

耳菊属 Nabalus Cass.

盘果菊 Nabalus tatarinowii (Maxim.) Nakai

青云山（杜晓洁等410），出保护站公路（杜晓洁等973），科普教育径（杜晓洁等2016/9/6 SF17）。常见。

紫菊属 Notoseris C. Shih

黑花紫菊 Notoseris melanantha (Franch.) C. Shih

雷公礤山脚（杜晓洁等1312）。少见。

阔苞菊属 Pluchea Cass.

翼茎阔苞菊 Pluchea sagittalis (Lam.) Cabrera

科普教育径（杜晓洁等81）。少见。

假臭草属 Praxelis Cass.

假臭草 Praxelis clematidea R. M. King et H. Rob.

出保护站公路旁的山沟（杜晓洁等223）。常见。

拟鼠麹草属 Pseudognaphalium Kirp.

拟鼠麹草（鼠麹草）Pseudognaphalium affine (D. Don) Anderb.

苦竹坳村（杜晓洁等539）。常见。

千里光属 Senecio L.

千里光 Senecio scandens Buch.-Ham. ex D. Don

苦竹坳村（杜晓洁等2016/9/11 SF1），葛坑（杜晓洁等801）。常见。

闽粤千里光 Senecio stauntonii DC.

雷公礤（杜晓洁等2016/9/7 SF103），园洞旁土山石山。常见。

一枝黄花属 Solidago L.

一枝黄花 Solidago decurrens Lour.

青云山（杜晓洁等442），老隆山电站二级站（杜晓洁等1277）。少见。

联毛紫菀属 Symphg Otrichum

钻叶紫菀 Symphyotrichum subulatum (Michx.) G. L. Nesom [*Aster subulatus* Michx.]

苦竹坳村（杜晓洁等540）。常见。

斑鸠菊属 Vernonia Schreb.

夜香牛 Vernonia cinerea (L.) Less.

出保护站公路旁的山沟（杜晓洁等251）。常见。

毒根斑鸠菊 **Vernonia cumingiana** Benth.

园洞隧道旁的土山（杜晓洁等1332）。少见。

咸虾花 **Vernonia patula** (Aiton) Merr.

黄竹岔山腰（刘心祈24273）。少见。

茄叶斑鸠菊 **Vernonia solanifolia** Benth.

青山口电站。少见。

蟛蜞菊属 **Wedelia** Jacq.

蟛蜞菊 **Wedelia chinensis** (Osbeck.) Merr.

黄竹岔山脚（刘心祈24280；刘心祈24281）。少见。

苍耳属 **Xanthium** L.

苍耳 **Xanthium strumarium** L.

黄竹岔山脚（刘心祈24245），苦竹坳村（杜晓洁等554）。少见。

黄鹌菜属 **Youngia** Cass.

黄鹌菜 **Youngia japonica** (L.) DC.

园洞水电站。出保护站公路旁。较常见。

卵裂黄鹌菜 **Youngia japonica** subsp. **elstonii** (Hochr.) Babc. et Stebbins [*Youngia pseudosenecio* (Vaniot) Shih.]

葛坑，园洞水坝。少见。

239. 龙胆科 Gentianaceae

穿心草属 **Canscora** Lam.

罗星草 **Canscora andrographioides** Griff. ex C. B. Clarke

科普教育径（杜晓洁等51），园洞山腰（刘心祈24300）。少见。

藻百年属 **Exacum** L.

藻百年 **Exacum tetragonum** Roxb.

蓝青（刘心祈24316）。少见。

獐牙菜属 **Swertia** L.

狭叶獐牙菜 **Swertia angustifolia** Buch.-Ham. ex D. Don

黄竹岔水坑（刘心祈24170）。少见。

獐牙菜 **Swertia bimaculata** (Siebold et Zucc.) Hook. f. et Thomson ex C. B. Clarke

食水坑（杜晓洁等199）。少见。

双蝴蝶属 Tripterospermum Blume

香港双蝴蝶 Tripterospermum nienkui (Marq.) C. J. Wu

科普教育径（杜晓洁等66），青山村园洞村小组（杜晓洁等730）。少见。

239A. 睡菜科 Menyanthaceae

荇菜属 Nymphoides Ség.

水皮莲 Nymphoides cristata (Roxb.) Kuntze

黄竹岔山脚（刘心祈24248）。少见。

荇菜 Nymphoides peltata (S. G. Gmel.) Kuntze

科普教育径旁的水塘（杜晓洁等71）。少见。

240. 报春花科 Primulaceae

珍珠菜属 Lysimachia L.

广西过路黄 Lysimachia alfredii Hance

科普教育径（杜晓洁等775；杜晓洁等2016/9/6 SF33），罗庚坪村（杜晓洁等833），坝后水电站后的山沟（杜晓洁等1038），青山村园洞村小组（杜晓洁等武等2016/12/20 SF1）。常见。

过路黄 Lysimachia christiniae Hance

食水坑（杜晓洁等2016/9/10 SF4），葛坑（杜晓洁等861）。常见。

星宿菜 Lysimachia fortunei Maxim.

青云山（杜晓洁等398），食水坑（杜晓洁等459），葛坑。常见。

242. 车前科 Plantaginaceae

车前属 Plantago L.

车前 Plantago asiatica L.

保护站办公楼附近（杜晓洁等212）。常见。

大车前 Plantago major L.

雷公礤（杜晓洁等879），黄竹岔坑边（刘心祈23950）。常见。

243. 桔梗科 Campanulaceae

金钱豹属 Campanumoea Blume

金钱豹（大花金钱豹）Campanumoea javanica Blume

青云山（刘心祈2233），葛坑（杜晓洁等507），出保护站公路旁的山沟（杜晓洁等2016/9/8 SF16）。常见。

党参属 Codonopsis Wall.

羊乳 Codonopsis lanceolata (Sieb. et Zucc.) Trautv.

青云山（杜晓洁等378），葛坑（杜晓洁等506）。常见。

轮钟花属 Cyclocodon Griff. ex Hook. f. et Thompson

轮钟花(桃叶金钱豹) Cyclocodon lancifolius (Roxb.) Kurz

科普教育径（杜晓洁等15），食水坑（杜晓洁等462），基站（杜晓洁等755），葛坑。常见。

244. 半边莲科 Lobeliaceae

半边莲属 Lobelia L.

半边莲 Lobelia chinensis Lour.

黄竹岔（刘心祈24282）。常见。

线萼山梗菜 Lobelia melliana E. Wimm.

科普教育径（杜晓洁等54），黄竹岔山腰（刘心祈24068），青云山（刘心祈2136），出保护站公路旁的山沟（杜晓洁等968）。常见。

铜锤玉带草 Lobelia nummularia Lam.

食水坑（杜晓洁等189），出保护站公路旁的山沟（杜晓洁等346），葛坑（杜晓洁等785），科普教育径（杜晓洁等961），青云山（刘心祈2004；刘心祈2135）。常见。

卵叶半边莲 Lobelia zeylanica L.

黄竹岔（刘心祈24164），坝后水电站后的山沟（杜晓洁等1003），老隆山水电站二级电站（杜晓洁等1268）。常见。

249. 紫草科 Boraginaceae

斑种草属 Bothriospermum Bunge

柔弱斑种草 Bothriospermum zeylanicum (J. Jacq.) Druce

青云山（刘心祈2058）。少见。

琉璃草属 Cynoglossum L.

小花琉璃草 Cynoglossum lanceolatum Forssk.

园洞水电站（杜晓洁等661）。少见。

厚壳树属 Ehretia L.

厚壳树 Ehretia acuminata R. Br.

黄竹岔（刘心祈24363）。少见。

长花厚壳树 **Ehretia longiflora** Champ. ex Benth.

青云山（刘心祈2143），坝后水电站后的山沟（杜晓洁等2017/8/8 SF25），出保护站公路。少见。

250. 茄科 Solanaceae

曼陀罗属 **Datura** L.

*洋金花 **Datura metel** L.

青云山（杜晓洁等387）。少见。

红丝线属 **Lycianthes** (Dunal) Hassl.

红丝线 **Lycianthes biflora** (Lour.) Bitter

雷公礤（杜晓洁等106），葛坑（杜晓洁等487），坝后水电站后的山沟（杜晓洁等1044）。常见。

烟草属 **Nicotiana** L.

*烟草 **Nicotiana tabacum** L.

黄竹岔山腰（刘心祈24286）。少见。

酸浆属 **Physalis** L.

苦蘵 **Physalis angulata** L.

黄竹岔山脚（刘心祈23954），青云山（刘心祈2057）。少见。

茄属 **Solanum** L.

少花龙葵 **Solanum americanum** Mill.

跃进水电站（杜晓洁等622），雷公礤（杜晓洁等890），园洞水电站。常见。

牛茄子 **Solanum capsicoides** All.

老隆山电站二级站（杜晓洁等1248）。少见。

白英 **Solanum lyratum** Thunb. ex Murray

科普教育径（杜晓洁等25），葛坑（杜晓洁等509），青云山（刘心祈2492）。常见。

龙葵 **Solanum nigrum** L.

科普教育径（杜晓洁等36）。常见。

海桐叶白英 **Solanum pittosporifolium** Hemsl.

坝后水电站后的山沟（杜晓洁等1017），葛坑，科普教育径。常见。

龙珠属 **Tubocapsicum** (Wettst.) Makino

龙珠 **Tubocapsicum anomalum** (Franch. et Sav.) Makino

磨刀坑（刘心祈24328），青云山（刘心祈2183）。少见。

251. 旋花科 Convolvulaceae

飞蛾藤属 Dinetus Buch.-Ham. ex D. Don

飞蛾藤 Dinetus racemosus Wall. Sweet

基站（杜晓洁等758），葛坑（杜晓洁等798），跃进水电站（杜晓洁等2016/9/13 SF1）。

番薯属 Ipomoea L.

毛牵牛（心萼薯）Ipomoea biflora (L.) Pers.

青山口电站（杜晓洁等2017/8/10 SF4），葛坑（杜晓洁等514）。常见。

*茑萝松 Ipomoea quamoclit L.

青山口（刘心祈24271）。少见。

三裂叶薯 Ipomoea triloba L.

科普教育径（杜晓洁等69）。常见。

鱼黄草属 Merremia Dennst. ex Endl.

篱栏网 Merremia hederacea (Burm. f.) Hallier f.

青云山（刘心祈2491）。少见。

三翅藤属 Tridynamia Gagnep.

大果三翅藤 Tridynamia sinensis (Hemsl.) Staples

园洞水坝（杜晓洁等1337）。少见。

252. 玄参科 Scrophulariaceae

毛麝香属 Adenosma R. Br.

毛麝香 Adenosma glutinosum (L.) Druce

出保护站公路旁的山沟（杜晓洁等296），青云山（刘心祈2184），黄竹岔山腰（刘心祈24069）。常见。

球花毛麝香 Adenosma indianum (Lour.) Merr.

黄竹岔（刘心祈24369）。少见。

胡麻草属 Centranthera R. Br.

胡麻草 Centranthera cochinchinensis (Lour.) Merr.

黄竹岔山脚（刘心祈24263；刘心祈24402）。少见。

矮胡麻草 Centranthera tranquebarica (Spreng.) Merr.

黄竹岔山脚（刘心祈24137）。少见。

母草属 Lindernia All.

长蒴母草 Lindernia anagallis (Burm. f.) Pennell

青云山（杜晓洁等1164）。常见。

刺齿泥花草 Lindernia ciliata (Colsm.) Pennell

坝后水电站后的山沟（杜晓洁等1001），中洞，黄竹岔山坑（刘心祈24284）。常见。

母草 Lindernia crustacea (L.) F. Muell.

黄竹岔山脚（刘心祈24078），苦竹坳村（杜晓洁等550），雷公礤（杜晓洁等885），出保护站公路（杜晓洁等994）。常见。

狭叶母草 Lindernia micrantha D. Don

蓝青（刘心祈24312）。少见。

旱田草 Lindernia ruellioides (Colsm.) Pennell

出保护站公路旁的山沟（杜晓洁等303）。常见。

刺毛母草 Lindernia setulosa (Maxim.) Tuyama ex H. Hara

葛坑（杜晓洁等495），苦竹坳村（杜晓洁等553）。常见。

通泉草属 Mazus Lour.

通泉草 Mazus pumilus (Burm. f.) Steenis

科普教育径（杜晓洁等791a）。常见。

泡桐属 Paulownia Siebold et Zucc.

白花泡桐 Paulownia fortunei (Seem.) Hemsl.

葛坑（杜晓洁等799）。常见。

台湾泡桐 Paulownia kawakamii T. Itô

出保护站公路（杜晓洁等909）。常见。

阴行草属 Siphonostegia Benth.

腺毛阴行草 Siphonostegia laeta S. Moore

黄竹岔山腰（刘心祈24105）。少见。

短冠草属 Sopubia Buch.-Ham. ex D. Don

短冠草 Sopubia trifida Buch.-Ham. ex D. Don

黄竹岔山腰（刘心祈24228）。少见。

独角金属 Striga Lour.

独脚金 Striga asiatica (L.) O. Kuntze

青云山（刘心祈2187）。少见。

蝴蝶草属 Torenia L.

二花蝴蝶草 Torenia biniflora T. L. Chin et D. Y. Hong

坝后水电站后的山沟（杜晓洁等998），科普教育径。少见。

单色蝴蝶草 **Torenia concolor** Lindl.

　　科普教育径（杜晓洁等962）。常见。

黄花蝴蝶草 **Torenia flava** Buch.-Ham. ex Benth.

　　跃进水库（杜晓洁等587）。常见。

紫斑蝴蝶草 **Torenia fordii** Hook. f.

　　科普教育径（杜晓洁等22），出保护站公路旁的山沟（杜晓洁等348），青云山（杜晓洁等447），出保护站公路（杜晓洁等981），中洞（杜晓洁等1056），黄竹岔（刘心祈24395）。较常见。

紫萼蝴蝶草 **Torenia violacea** (Azaola ex Blanco) Pennell

　　青云山（刘心祈2001），黄竹岔山腰（刘心祈23987）。少见。

婆婆纳属 **Veronica** L.

阿拉伯婆婆纳 **Veronica persica** Poir.

　　科普教育径（杜晓洁等789a）。常见。

腹水草属 **Veronicastrum** Heist. ex Fabr.

爬岩红 **Veronicastrum axillare** (Siebold et Zucc.) T. Yamaz.

　　葛坑（杜晓洁等1094）。少见。

253. 列当科 **Orobanchaceae**

野菰属 **Aeginetia** L.

野菰 **Aeginetia indica** L.

　　雷公礤（杜晓洁等125），黄竹岔山腰（刘心祈24008）。常见。

256. 苦苣苔科 **Gesneriaceae**

唇柱苣苔属 **Chirita** Buch.-Ham. ex D. Don

光萼唇柱苣苔 **Chirita anachoreta** Hance

　　科普教育径（杜晓洁等26），出保护站公路，中洞，黄竹岔附近（刘心祈24011），青云山（刘心祈2053）。常见。

双片苣苔属 **Didymostigma** W. T. Wang

双片苣苔 **Didymostigma obtusum** (C. B. Clarke) W. T. Wang

　　科普教育径（杜晓洁等90；杜晓洁等777；杜晓洁等963），出保护站公路旁的山沟（杜晓洁等2017/4/11下午 SF4）。常见。

马铃苣苔属 **Oreocharis** Benth.

石上莲 **Oreocharis benthamii** var. **reticulata** Dunn

　　出保护站公路旁的山沟（杜晓洁等306），青云山（杜晓洁等439）。少见。

线柱苣苔属 Rhynchotechum Blume

椭圆线柱苣苔 Rhynchotechum ellipticum (Wall. ex D. Dietr.) A. DC.

跃进水电站（杜晓洁等637），老隆山水电站二级电站（杜晓洁等1262），黄竹岔山腰（刘心祈24178）。常见。

257. 紫葳科 Bignoniaceae

凌霄属 Campsis Lour.

*凌霄 Campsis grandiflora (Thunb.) K. Schum.

青山村（杜晓洁等386），黄竹岔溪边（刘心祈24010）。少见。

259. 爵床科 Acanthaceae

十万错属 Asystasia Blume

白接骨 Asystasia neesiana (Wall.) Nees

青云山（杜晓洁等371）。少见。

狗肝菜属 Dicliptera Juss.

狗肝菜 Dicliptera chinensis (L.) Juss.

科普教育径，蓝青（刘心祈861）。常见。

水蓑衣属 Hygrophila R. Br.

水蓑衣 Hygrophila ringens (L.) R. Br. ex Spreng.

黄竹岔（刘心祈24407），雷公礤（杜晓洁等117），出保护站公路旁的山沟（杜晓洁等283），雷公礤。常见。

叉序草属 Isoglossa Oerst.

叉序草 Isoglossa collina (T. Anderson) B. Hansen

苦竹坳村（杜晓洁等523），青山村园洞村小组（杜晓洁等703），青云山（刘心祈2037）。少见。

爵床属 Justicia L.

华南爵床 Justicia austrosinensis H. S. Lo

中洞（杜晓洁等1050；杜晓洁等1084）。少见。

爵床 Justicia procumbens L.

出保护站公路旁的山沟（杜晓洁等336），跃进水库（杜晓洁等586；杜晓洁等589），青山村园洞村小组（杜晓洁等707），青云山（刘心祈2126），黄竹岔（刘心祈24094）。常见。

杜根藤 Justicia quadrifaria (Nees) T. Anderson

出保护站公路旁的山沟（杜晓洁等278）。少见。

纤穗爵床属 Leptostachya Nees

纤穗爵床 Leptostachya wallichii Nees

　　青云山（杜晓洁等404）。少见。

叉柱花属 Staurogyne Wall.

弯花叉柱花 Staurogyne chapaensis Benoist

　　科普教育径（杜晓洁等785a）。少见。

马蓝属 Strobilanthes Blume

板蓝 Strobilanthes cusia (Nees) Kuntze

　　老隆山水电站二级电站（杜晓洁等1269），跃进水电站（杜晓洁等2016/9/13 SF14）。常见。

曲枝马蓝 Strobilanthes dalzielii (W. W. Sm.) Benoist

　　黄竹岔山脚（刘心祈24150）。少见。

四子马蓝 Strobilanthes tetraspermus (Champ. ex Benth.) Druce

　　青山村园洞村小组（杜晓洁等714）。少见。

山牵牛属 Thunbergia Retz.

山牵牛 Thunbergia grandiflora (Rottl. ex Willd.) Roxb.

　　蓝青（刘心祈24306）。少见。

263. 马鞭草科 Verbenaceae

紫珠属 Callicarpa L.

紫珠 Callicarpa bodinieri H. Lév.

　　科普教育径（杜晓洁等50）。常见。

短柄紫珠 Callicarpa brevipes (Benth.) Hance

　　科普教育径。少见。

华紫珠 Callicarpa cathayana H. T. Chang

　　青山村园洞村小组（杜晓洁等708），出保护站公路（杜晓洁等2017/4/9 SF2），黄竹岔山腰（刘心祈24237）。常见。

白棠子树 Callicarpa dichotoma (Lour.) K. Koch

　　青云山（刘心祈2498）。常见。

杜虹花 Callicarpa formosana Rolfe

黄竹岔山腰（刘心祈23993），青云山（刘心祈2047），科普教育径（杜晓洁等767）。常见。

枇杷叶紫珠 Callicarpa kochiana Makino

雷公磜（杜晓洁等166），葛坑（杜晓洁等797a），青云山（刘心祈2149）。常见。

钩毛紫珠 Callicarpa peichieniana Chun et S. L. Chen ex H. Ma et W. B. Yu

老隆山水电站二级电站（杜晓洁等762），坝后水电站。少见。

红紫珠 Callicarpa rubella Lindl.

苦竹坳村（杜晓洁等547），青山村园洞村小组（杜晓洁等723），科普教育径（杜晓洁等957），黄竹岔山腰（刘心祈23959）。常见。

莸属 Caryopteris Bunge

兰香草 Caryopteris incana (Thunb. ex Houtt.) Miq.

黄竹岔（刘心祈24368）。少见。

大青属 Clerodendrum L.

重瓣臭茉莉 Clerodendrum chinense (Osbeck) Mabb.

苦竹坳村（杜晓洁等2016/9/11 SF15）。少见。

大青 Clerodendrum cyrtophyllum Turcz.

青山口水电站（杜晓洁等1142），下斜村。常见。

白花灯笼 Clerodendrum fortunatum L.

科普教育径（杜晓洁等84），雷公磜（杜晓洁等138）。常见。

广东大青 Clerodendrum kwangtungense Hand.-Mazz.

科普教育径（杜晓洁等3），跃进水库（杜晓洁等598），老隆山水电站二级电站（杜晓洁等761），葛坑，坝后水电站，黄竹岔（刘心祈24220），青云山（刘心祈2124）。常见。

尖齿臭茉莉 Clerodendrum lindleyi Decne. ex Planch.

青云山（刘心祈2406）。少见。

马鞭草属 Verbena L.

马鞭草 Verbena officinalis L.

青山口山脚（刘心祈24126），青云山（刘心祈2044），出保护站公路旁的山沟（杜晓洁等331），跃进水电站（杜晓洁等626）。常见。

牡荆属 Vitex L.

黄荆 Vitex negundo L.

青云山（杜晓洁等428；刘心祈2066），中洞（杜晓洁等1079），黄竹岔（刘心祈24378）。常见。

山牡荆 **Vitex quinata** (Lour.) F. N. Williams

　　苦竹坳村（杜晓洁等527），青山口电站。常见。

264. 唇形科 Lamiaceae

尖头花属 Acrocephalus Benth.

尖头花 **Acrocephalus indicus** (Burm. f.) Kuntze

　　黄竹岔（刘心祈24399）。少见。

筋骨草属 Ajuga L.

筋骨草 **Ajuga ciliata** Bunge

　　出保护站公路（杜晓洁等1237），基站。常见。

金疮小草 **Ajuga decumbens** Thunb.

　　基站（杜晓洁等754），葛坑（杜晓洁等784；杜晓洁等790）。常见。

广防风属 Anisomeles R. Br.

广防风 **Anisomeles indica** (L.) Kuntze

　　跃进水电站（杜晓洁等663），黄竹岔山腰（刘心祈24075），青云山（刘心祈2259），园洞水电站。常见。

风轮菜属 Clinopodium L.

风轮菜 **Clinopodium chinense** (Benth.) Kuntze

　　科普教育径（杜晓洁等27），黄竹岔山脚（刘心祈24161），青云山（刘心祈2122），食水坑（杜晓洁等460），葛坑，出保护站公路。常见。

细风轮菜 **Clinopodium gracile** (Benth.) Matsum.

　　科普教育径（杜晓洁等768），中洞（杜晓洁等1077），青云山（刘心祈2339）。常见。

水蜡烛属 Dysophylla Blume

水虎尾 **Dysophylla stellata** (Lour.) Benth.

　　黄竹岔（刘心祈24371）。少见。

活血丹属 Glechoma L.

活血丹 **Glechoma longituba** (Nakai) Kupr.

　　食水坑（杜晓洁等）。常见。

锥花属 Gomphostemma Wall. ex Benth.

中华锥花 **Gomphostemma chinense** Oliv.

　　出保护站公路旁的山沟（杜晓洁等262），黄竹岔山腰（刘心祈24054）。常见。

香茶菜属 Isodon (Benth.) Kudo

香茶菜 Isodon amethystoides (Benth.) H. Hara

科普教育径（杜晓洁等63），食水坑（杜晓洁等200）。常见。

细锥香茶菜 Isodon coetsa (Buch.-Ham. ex D. Don) Kudô

老隆山水电站二级站（杜晓洁等1243）。少见。

线纹香茶菜 Isodon lophanthoides (Buch.-Ham. ex D. Don) H. Hara

坝后水电站，老隆山水电站二级站。

益母草属 Leonurus L.

益母草 Leonurus japonicus Houtt.

罗庚坪村，蓝青（刘心祈846）。常见。

冠唇花属 Microtoena Prain

冠唇花 Microtoena insuavis (Hance) Prain ex Briq.

蓝青（刘心祈844）。少见。

石荠苎属 Mosla (Benth.) Buch.-Ham. ex Maxim.

石香薷 Mosla chinensis Maxim.

科普教育径。常见。

小鱼仙草 Mosla dianthera (Buch.-Ham. ex Roxb.) Maxim.

雷公礤（杜晓洁等100），青云山（刘心祈2021；刘心祈2310）。常见。

石荠苎 Mosla scabra (Thunb.) C. Y. Wu et H. W. Li

黄竹岔（刘心祈24379），罗庚坪村（杜晓洁等826），出保护站公路。常见。

假糙苏属 Paraphlomis (Prain) Prain

纤细假糙苏 Paraphlomis gracilis (Hemsl.) Kudô

青云山（杜晓洁等379；杜晓洁等1163）。常见。

假糙苏 Paraphlomis javanica (Blume) Prain

科普教育径（杜晓洁等32），科普教育径（杜晓洁等953），苦竹坳村后的山沟（2017/4/11上午 SF7），葛坑。常见。

狭叶假糙苏 Paraphlomis javanica var. **angustifolia** (C. Y. Wu) C. Y. Wu et H. W. Li

科普教育径（杜晓洁等53）。常见。

紫苏属 Perilla L.

野生紫苏 Perilla frutescens var. **purpurascens** (Hayata) H. W. Li

雷公礤（杜晓洁等127）。少见。

刺蕊草属 **Pogostemon** Desf.

水珍珠菜 Pogostemon auricularius (L.) Hassk.

黄竹岔山脚（刘心祈24262），青云山（刘心祈2214）。少见。

长苞刺蕊草 Pogostemon chinensis C. Y. Wu et Y. C. Huang

老隆山水电站二级电站（杜晓洁等1244）。常见。

北刺蕊草 Pogostemon septentrionalis C. Y. Wu et Y. C. Huang

科普教育径（杜晓洁等7），出保护张公路旁的山沟（杜晓洁等270），十三公里水沟（杜晓洁等1228）。常见。

鼠尾草属 **Salvia** L.

鼠尾草 Salvia japonica Thunb.

科普教育径（杜晓洁等9；杜晓洁等28；杜晓洁等959），青云山（杜晓洁等413），黄竹岔溪边（刘心祈24107；刘心祈24176）。常见。

黄芩属 **Scutellaria** L.

韩信草 Scutellaria indica L.

科普教育径（杜晓洁等784a），跃进水电站。常见。

水苏属 **Stachys** L.

地蚕 Stachys geobombycis C. Y. Wu

园洞水电站（杜晓洁等919）。少见。

香科科属 **Teucrium** L.

铁轴草 Teucrium quadrifarium Buch.-Ham. ex D. Don

雷公礤（杜晓洁等161）。少见。

血见愁 Teucrium viscidum Blume

青云山（杜晓洁等433），葛坑（杜晓洁等1092），黄竹岔（刘心祈2059）。常见。

266. 水鳖科 Hydrocharitaceae

黑藻属 **Hydrilla** Rich.

黑藻 Hydrilla verticillata (L. f.) Royle

苦竹坳村（杜晓洁等567），青山口水电站（杜晓洁等1117）。常见。

267. 泽泻科 Alismataceae

慈姑属 **Sagittaria** L.

野慈姑 **Sagittaria trifolia** L.

青云山（刘心祈2287），青山口（刘心祈24267）。少见。

276. 眼子草科 Potamogetonaceae

眼子草属 Potamogeton L.

菹草 **Potamogeton crispus** L.

青山口水电站（杜晓洁等1118）。少见。

280. 鸭跖草科 Commelinaceae

穿鞘花属 Amischotolype Hassk.

穿鞘花 **Amischotolype hispida** (A. Rich.) D. Y. Hong

跃进水电站（杜晓洁等662），园洞水电站。常见。

鸭跖草属 Commelina L.

鸭跖草 **Commelina communis** L.

食水坑，青云山（刘心祈2000）。常见。

竹节草 **Commelina diffusa** Burm. f.

磨刀坑（刘心祈24329），雷公礤（杜晓洁等146）。常见。

大苞鸭跖草 **Commelina paludosa** Blume

科普教育径（杜晓洁等85），黄竹岔（刘心祈24186）。常见。

蓝耳草属 Cyanotis D. Don

蛛丝毛蓝耳草 **Cyanotis arachnoidea** C. B. Clarke

青云山（杜晓洁等354），跃进水电站（杜晓洁等695）。少见。

蓝耳草 **Cyanotis vaga** (Lour.) Roem. et Schult.

黄竹岔（刘心祈24135）。少见。

聚花草属 Floscopa Lour.

聚花草 **Floscopa scandens** Lour.

出保护站公路（杜晓洁等2016/9/8 SF24），青云山（杜晓洁等2016/9/9 SF47），老隆山电站二级站。常见。

水竹叶属 Murdannia Royle

牛轭草 **Murdannia loriformis** (Hassk.) R. S. Rao et Kammathy

出保护站公路旁的山沟（杜晓洁等329），出保护站公路（杜晓洁等978），中洞（杜晓洁等1071）。常见。

裸花水竹叶 **Murdannia nudiflora** (L.) Brenan

青云山（刘心祈2164）。少见。

杜若属 Pollia Thunb.

杜若 Pollia japonica Thunb.

科普教育径（杜晓洁等41），青云山（刘心祈2231），科普教育径。常见。

钩毛子草属 Rhopalephora Hassk.

钩毛子草 Rhopalephora scaberrima (Blume) Faden

苦竹坳村（杜晓洁等524）。少见。

285. 谷精草科 Eriocaulaceae

谷精草属 Eriocaulon L.

谷精草 Eriocaulon buergerianum Körn.

黄竹岔山脚（刘心祈24261）。少见。

287. 芭蕉科 Musaceae

芭蕉属 Musa L.

野蕉 Musa balbisiana Colla

跃进水电站（杜晓洁等699）。

290. 姜科 Zingiberaceae

山姜属 Alpinia Roxb.

山姜 Alpinia japonica (Thunb.) Miq.

雷公礤（杜晓洁等183），青云山（杜晓洁等415），青山村园洞村小组（杜晓洁等722），葛坑（杜晓洁等802），出保护站公路（杜晓洁等855）。常见。

箭杆风 Alpinia jianganfeng T. L. Wu

雷公礤（杜晓洁等143），坝后水电站后的山沟（杜晓洁等1015；杜晓洁等1027；杜晓洁等1028）。常见。

华山姜 Alpinia oblongifolia Hayata

坝后水电站后的山沟（杜晓洁等1011）。常见。

高良姜 Alpinia officinarum Hance

雷公礤（杜晓洁等873）。少见。

花叶山姜 Alpinia pumila Hook. f.

雷公礤。少见。

密苞山姜 Alpinia stachyodes Hance

坝后水电站后的山沟（杜晓洁等1010），跃进水库（杜晓洁等601），基站（杜晓洁等1203）。常见。

大苞姜属 Caulokaempferia K. Larsen

黄花大苞姜 Caulokaempferia coenobialis (Hance) K. Larsen

苦竹坳村（杜晓洁等548）。少见。

闭鞘姜属 Costus L.

闭鞘姜 Costus speciosus (J. Koenig) Sm.

青云山。少见。

姜属 Zingiber Mill.

蘘荷 Zingiber mioga (Thunb.) Rosc.

青云山（杜晓洁等419），老隆山水电站二级站。常见。

*姜 Zingiber officinale Roscoe

跃进水电站（杜晓洁等2016/9/13 SF7）。少见。

阳荷 Zingiber striolatum Diels

雷公礤（杜晓洁等180），老隆山水电站二级电站（杜晓洁等1274）。常见。

291. 美人蕉科 Cannaceae

美人蕉属 Canna L.

*美人蕉 Canna indica L.

青云山（杜晓洁等445），葛坑（杜晓洁等484），黄竹岔坑边（刘心祈24155）。常见。

293. 百合科 Liliaceae

天门冬属 Asparagus L.

天门冬 Asparagus cochinchinensis (Lour.) Merr.

青云山（杜晓洁等2016/9/9 SF6）。常见。

蜘蛛抱蛋属 Aspidistra Ker Gawl.

小花蜘蛛抱蛋 Aspidistra minutiflora Stapf

园洞水电站（杜晓洁等930；杜晓洁等2016/9/13 SF18）。少见。

山菅属 Dianella Lam. ex Juss.

山菅 Dianella ensifolia (L.) DC.

出保护站公路旁的山沟（杜晓洁等248），苦竹坳村水库后的土山（杜晓洁等900）。常见。

竹根七属 Disporopsis Hance

竹根七 Disporopsis fuscopicta Hance

坝后水电站后的山沟（杜晓洁等1008）。少见。

万寿竹属 Disporum Salisb.

宝铎草 Disporum sessile D. Don

雷公礤（杜晓洁等140）。少见。

萱草属 Hemerocallis L.

黄花菜 Hemerocallis citrina Baroni

科普教育径（杜晓洁等67）。少见。

沿阶草属 Ophiopogon Ker Gawl.

广东沿阶草 Ophiopogon reversus C. C. Huang

出保护站公路旁的山沟（杜晓洁等291），黄竹岔山坑（刘心祈24000）。少见。

黄精属 Polygonatum Mill.

多花黄精 Polygonatum cyrtonema Hua

青云山（杜晓洁等424），雷公礤（杜晓洁等872）。少见。

油点草属 Tricyrtis Wall.

油点草 Tricyrtis macropoda Miq.

青云山（杜晓洁等407）。少见。

藜芦属 Veratrum L.

牯岭藜芦 Veratrum schindleri Loes.

青云山（杜晓洁等358）。少见。

295. 延龄草科 Melanthiaceae
重楼属 Paris L.

七叶一枝花 Paris polyphylla Sm.

跃进水电站（杜晓洁等575），苦竹坳村后的山沟（杜晓洁等892），青山村园洞村小组（杜晓洁等747），坝后水电站后的山沟。常见。

296. 雨久花科 Pontederiaceae
雨久花属 Monochoria C. Presl

鸭舌草 Monochoria vaginalis (Burm. f.) C. Presl ex Kunth

黄竹岔山腰（刘心祈24287）。少见。

凤眼蓝属 Eichhornia Kunth

凤眼蓝 Eichhornia crassipes (Mart.) Solms

黄竹岔（刘心祈24413）。少见。

297. 菝葜科 Smilacaceae

肖菝葜属 Heterosmilax Kunth

合丝肖菝葜 Heterosmilax gaudichaudiana (Kunth) Maxim.

坝后水电站后的山沟（杜晓洁等1045）。少见。

菝葜属 Smilax L.

弯梗菝葜 Smilax aberrans Gagnep.

雷公礤山脚（杜晓洁等1296）。少见。

尖叶菝葜 Smilax arisanensis Hayata

基站（杜晓洁1205）。少见。

菝葜 Smilax china L.

青云山（杜晓洁等2016/9/9 SF13），基站（杜晓洁等1173），蓝青（刘心祈24303）。常见。

银叶菝葜 Smilax cocculoides Warb.

青云山（杜晓洁等406）。少见。

小果菝葜 Smilax davidiana A. DC.

雷公礤（杜晓洁等2016/9/7 SF90a）。常见。

土茯苓 Smilax glabra Roxb.

青云山（刘心祈2085；刘心祈2229；刘心祈2260）。常见。

暗色菝葜 Smilax lanceifolia var. **opaca** A. DC.

黄竹岔山腰（刘心祈24187），青云山（刘心祈2108），葛坑（杜晓洁等783）。常见。

大果菝葜 Smilax megacarpa A. DC.

苦竹坳村后的山沟（杜晓洁等2017/4/11下午 SF5）。常见。

牛尾菜 Smilax riparia A. DC.

科普教育径（杜晓洁等10），中洞（杜晓洁等2017/8/9下午 SF11），青山口山脚（刘心祈24272），青云山（刘心祈2225）。常见。

302. 天南星科 Araceae

菖蒲属 Acorus L.

金钱蒲（石菖蒲）Acorus gramineus Sol. ex Aiton

罗庚坪村（杜晓洁等854）。常见。

海芋属 Alocasia (Schott) G. Don

海芋 Alocasia odora (Roxb.) K. Koch

老隆山水电站二级电站（杜晓洁等1266），园洞水坝（杜晓洁等2017/4/13 SF4）。常见。

天南星属 Arisaema Mart.

心檐南星 Arisaema cordatum N. E. Brown

出保护站公路（杜晓洁等813），园洞水坝。少见。

芋属 Colocasia Schott

芋（野芋）Colocasia esculenta (L.) Schott

食水坑（杜晓洁等2016/9/10 SF2），科普教育径。常见。

石柑属 Pothos L.

石柑子 Pothos chinensis (Raf.) Merr.

跃进水电站（杜晓洁等2016/9/13 SF30），园洞水电站（杜晓洁等935）。常见。

306. 石蒜科 Amaryllidaceae

石蒜属 Lycoris Herb.

石蒜 Lycoris radiata (L'Hér.) Herb.

科普教育径（杜晓洁等97），黄竹岔山腰（刘心祈24203）。常见。

311. 薯蓣科 Dioscoreaceae

薯蓣属 Dioscorea L.

大青薯 Dioscorea benthamii Prain et Burkill

出保护站公路（杜晓洁等2017/4/9 SF1）。常见。

黄独 Dioscorea bulbifera L.

食水坑（杜晓洁等454）。少见。

薯莨 Dioscorea cirrhosa Lour.

跃进水电站（杜晓洁等668；杜晓洁等2016/9/12 SF8），园洞水坝（杜晓洁等937；杜晓洁等943），葛坑，青山口水电站。常见。

山薯 Dioscorea fordii Prain et Burkill

苦竹坳村（杜晓洁等2016/9/11 SF5）。常见。

柳叶薯蓣 Dioscorea linearicordata Prain et Burkill

出保护站公路（杜晓洁等987）。少见。

五叶薯蓣 Dioscorea pentaphylla L.

苦竹坳村（杜晓洁等2016/9/11 SF2），青云山（杜晓洁等2017/8/11 SF14）。常见。

褐苞薯蓣 Dioscorea persimilis Prain et Burkill

出保护站公路（杜晓洁等986），黄竹岔山脚（刘心祈24238），青云山（刘心祈2226）。常见。

321. 蒟蒻薯科 Taccaceae

蒟蒻薯属 Tacca J. R. Forst. et G. Forst

裂果薯 Tacca plantaginea (Hance) Drenth

蓝青（刘心祈24310），中洞（杜晓洁等1057）。少见。

326. 兰科 Orchidaceae

开唇兰属 Anoectochilus Blume

金线兰 Anoectochilus roxburghii (Wall.) Lindl.

科普教育径（杜晓洁95），坝后水电站后的山沟，葛坑，老隆山电站二级站（杜晓洁等765）。常见。

拟兰属 Apostasia Blume

拟兰 Apostasia odorata Blume

基站（杜晓洁等1219）。少见。

竹叶兰属 Arundina Blume

竹叶兰 Arundina graminifolia (D. Don) Hochr.

黄竹岔山腰（刘心祈24230）。少见。

石豆兰属 Bulbophyllum Thouars

芳香石豆兰 Bulbophyllum ambrosia (Hance) Schltr

园洞水坝（杜晓洁等937）。常见。

广东石豆兰 Bulbophyllum kwangtungense Schltr.

园洞隧道旁的石山（杜晓洁等1388）。少见。

密花石豆兰 Bulbophyllum odoratissimum (Sm.) Lindl.

青山口山腰（刘心祈24121）。少见。

虾脊兰属 Calanthe R. Br.

钩距虾脊兰 Calanthe graciliflora Hayata

出保护站公路旁的山沟（杜晓洁等237），老隆山水电站二级电站（杜晓洁等1267）。常见。

长距虾脊兰 Calanthe sylvatica (Thou.) Lindl.

黄竹岔（刘心祈24392）。少见。

三褶虾脊兰 Calanthe triplicata (Willem.) Ames

雷公磜。少见。

隔距兰属 Cleisostoma Blume

大序隔距兰 Cleisostoma paniculatum (Ker Gawl.) Garay

雷公磜（杜晓洁等173），葛坑（杜晓洁等803）。常见。

贝母兰属 Coelogyne Lindl.

流苏贝母兰 Coelogyne fimbriata Lindl.

出保护站公路旁的山沟（杜晓洁等238），老隆山电站二级站，青云山（刘心祈2486），青山口山腰（刘心祈24113）。常见。

兰属 Cymbidium Sw.

建兰 Cymbidium ensifolium (L.) Sw.

黄竹岔山坑（刘心祈24009），园洞隧道旁的石山（杜晓洁等1364），雷公礤（杜晓洁等2016/9/7 SF136），基站。常见。

兔耳兰 Cymbidium lancifolium Hook. f.

基站，出保护站公路旁的山沟（杜晓洁等261）。常见。

石斛属 Dendrobium Sw.

细茎石斛 Dendrobium moniliforme (L.) Sw.

食水坑。少见。

毛兰属 Eria Lindl.

半柱毛兰 Eria corneri Rchb. f.

罗庚坪村（杜晓洁等846），园洞水坝（杜晓洁等932），黄竹岔溪边（刘心祈23942）。少见。

美冠兰属 Eulophia R. Br. ex Lindl.

美冠兰 Eulophia graminea Lindl.

跃进水库（杜晓洁等2016/9/12 SF20）。少见。

天麻属 Gastrodia R. Br.

青云山天麻 Gastrodia qingyunshanensis J. X. Huang, H. Xu et H. J. Yang

蕉头角山（羊海军和黄久香 QYS20190321015）(CANT)。少见。

斑叶兰属 Goodyera R. Br.

大花斑叶兰 Goodyera biflora (Lindl.) Hook. f.

科普教育径（杜晓洁等93）。常见。

多叶斑叶兰 Goodyera foliosa (Lindl.) Benth. ex C. B. Clarke

科普教育径（杜晓洁等92）。少见。

花格斑叶兰 Goodyera kwangtungensis C. L. Tso

青云山（杜晓洁等374）。常见。

高斑叶兰 Goodyera procera (Ker Gawl.) Hook.

青云山。常见。

玉凤花属 Habenaria Willd.

鹅毛玉凤花 Habenaria dentata (Sw.) Schltr.

黄竹岔山腰（刘心祈24165）。少见。

橙黄玉凤花 Habenaria rhodocheila Hance

科普教育径（杜晓洁等91），黄竹岔山脚（刘心祈24192），出保护站公路（杜晓洁等993），中洞（杜晓洁等1049）。常见。

羊耳蒜属 Liparis Rich.

镰翅羊耳蒜 Liparis bootanensis Griff.

出保护站公路旁的山沟（杜晓洁等254），坝后水电站，黄竹岔山坑（刘心祈24193）。常见。

小巧羊耳蒜 Liparis delicatula Hook. f.

雷公礤（杜晓洁等151）。少见。

见血青 Liparis nervosa (Thunb. ex A. Murray) Lindl.

黄竹岔山坑（刘心祈23943），青云山（杜晓洁等376；刘心祈2439），跃进水电站（杜晓洁等694），园洞水坝（杜晓洁等928），雷公礤，青山口电站，坝后水电站后的山沟，老隆山电站二级站。常见。

长茎羊耳蒜 Liparis viridiflora (Blume) Lindl.

青云山（刘心祈2449）。少见。

阔蕊兰属 Peristylus Blume

触须阔蕊兰 Peristylus tentaculatus (Lindl.) J. J. Sm.

青云山（刘心祈2207）。少见。

石仙桃属 Pholidota Lindl. ex Hook.

细叶石仙桃 Pholidota cantonensis Rolfe

园洞隧道旁的石山（杜晓洁等1387）。少见。

石仙桃 Pholidota chinensis Lindl.

黄竹岔坑边（刘心祈23914），青云山（刘心祈2074），出保护站公路旁的山沟（杜晓洁等343），下斜村，第二座桥十三公里山沟。常见。

菱兰属 Rhomboda Lindl.

小片菱兰 Rhomboda abbreviata (Lindl.) Ormerod

黄竹岔坑边（刘心祈24235）。少见。

白肋菱兰 Rhomboda tokioi (Fukuy.) Ormerod

园洞水坝（杜晓洁等925）。少见。

苞舌兰属 Spathoglottis Blume

苞舌兰 Spathoglottis pubescens Lindl.

雷公礤（杜晓洁等187），黄竹岔山脚（刘心祈23979）。少见。

带唇兰属 Tainia Blume

心叶带唇兰 Tainia cordifolia Hook. f.

园洞水坝（杜晓洁等931），坝后水电站后的山沟，雷公礤山脚。少见。

带唇兰 Tainia dunnii Rolfe

雷公礤（杜晓洁等216），基站（杜晓洁等1193）。少见。

327. 灯心草科 Juncaceae

灯心草属 Juncus L.

灯心草 Juncus effusus L.

雷公礤（杜晓洁等2016/9/7 SF102），罗庚坪村（杜晓洁等847）。常见。

笄石菖 Juncus prismatocarpus R. Br.

科普教育径（杜晓洁等781a）。少见。

331. 莎草科 Cyperaceae

球柱草属 Bulbostylis Kunth

球柱草 Bulbostylis barbata (Rottb.) C. B. Clarke

跃进水电站（杜晓洁等671）。少见。

薹草属 Carex L.

浆果薹草 Carex baccans Nees

青山村园洞村小组（杜晓洁等728）。常见。

中华薹草 Carex chinensis Retz.

雷公礤（杜晓洁等888），坝后水电站后的山沟（1012）。常见。

十字薹草 Carex cruciata Wahlenb.

雷公礤（杜晓洁等114），苦竹坳村（杜晓洁等544），科普教育径（杜晓洁等955），黄竹岔山腰（刘心祈23981），青云山（刘心祈2141）。常见。

隐穗薹草 Carex cryptostachys Brongn.

雷公礤（杜晓洁等2016/9/7 SF103），苦竹坳村后的山沟（杜晓洁等897）。少见。

蕨状薹草 Carex filicina Nees

出保护站公路旁的山沟（杜晓洁等247）。少见。

套鞘薹草 Carex maubertiana Boott

老隆山水电站二级电站（杜晓洁等1251）。少见。

条穗薹草 Carex nemostachys Steud.

出保护站公路—罗庚坪村（杜晓洁等849）。常见。

镜子薹草 Carex phacota Spreng.

葛坑（杜晓洁等805），雷公礤（杜晓洁等875）。常见。

花莛薹草 Carex scaposa C. B. Clarke

出保护区公路旁的山沟（杜晓洁等256），葛坑（杜晓洁等804），出保护站公路—罗庚坪村（杜晓洁等845），基站（杜晓洁等2017/4/9 SF4），青云山，科普教育径，坝后水电站后的山沟。常见。

糙叶花莛薹草 Carex scaposa var. **hirsuta** P. C. Li

黄竹岔山腰（刘心祈24059）。少见。

莎草属 Cyperus L.

扁穗莎草 Cyperus compressus L.

跃进水电站（杜晓洁等673；杜晓洁等681a）。常见。

砖子苗 Cyperus cyperoides (L.) Kuntze

保护站办公楼附近（杜晓洁等194），中洞（杜晓洁等1060）。常见。

异型莎草 Cyperus difformis L.

青山口山腰（刘心祈24268）。少见。

宽叶多脉莎草 Cyperus diffusus var. **latifolius** L. K. Dai

跃进水电站（杜晓洁等672）。少见。

畦畔莎草 Cyperus haspan L.

雷公礤（杜晓洁等122），中洞（杜晓洁等1067）。少见。

碎米莎草 Cyperus iria L.

葛坑（杜晓洁等504）。常见。

毛轴莎草 Cyperus pilosus Vahl

食水坑（杜晓洁等471）。少见。

荸荠属 Eleocharis R. Br.

假马蹄 Eleocharis ochrostachys Steud.

园洞水坝（杜晓洁等1384）。少见。

透明鳞荸荠 Eleocharis pellucida J. Presl et C. Presl

黄竹岔（刘心祈24408）。少见。

飘拂草属 Fimbristylis Vahl

佛焰苞飘拂草 Fimbristylis cymosa var. **spathacea** (Roth) T. Koyama

跃进水电站（杜晓洁等681）。常见。

两歧飘拂草 Fimbristylis dichotoma (L.) Vahl

科普教育径（杜晓洁等23），葛坑（杜晓洁等516），苦竹坳村（杜晓洁等551），跃进水库（杜晓洁等579），中洞（杜晓洁等1063）。常见。

水虱草 Fimbristylis littoralis Gaudich.

葛坑（杜晓洁等486），出保护站公路。常见。

四棱飘拂草 Fimbristylis tetragona R. Br.

黄竹岔（刘心祈24370）。少见。

黑莎草属 **Gahnia** J. R. Forst. et G. Forst.

黑莎草 Gahnia tristis Nees

雷公礤（杜晓洁等124），青云山（杜晓洁等421），青云山（杜晓洁等1152）。很常见。

割鸡芒属 **Hypolytrum** Pers.

割鸡芒 Hypolytrum nemorum (Vahl) Spreng.

科普教育径。

水蜈蚣属 **Kyllinga** Rottb.

短叶水蜈蚣 Kyllinga brevifolia Rottb.

黄竹岔山腰（刘心祈24281），青云山（刘心祈2163）。常见。

三头水蜈蚣 Kyllinga bulbosa P. Beauv.

葛坑（杜晓洁等515）。常见。

单穗水蜈蚣 Kyllinga nemoralis (J. R. Forst. et G. Forst.) Dandy ex Hutch. et Dalziel

葛坑（杜晓洁等517）。常见。

鳞籽莎属 **Lepidosperma** Labill.

鳞籽莎 Lepidosperma chinense Nees

雷公礤（杜晓洁等160）。少见。

扁莎属 **Pycreus** P. Beauv.

球穗扁莎 Pycreus flavidus (Retz.) T. Koyama

青云山（杜晓洁等385）。常见。

红鳞扁莎 Pycreus sanguinolentus (Vahl) Nees ex C. B. Clarke

青云山，青山口水电站。少见。

刺子莞属 **Rhynchospora** Vahl

刺子莞 Rhynchospora rubra (Lour.) Makino

雷公礤（杜晓洁等164），青云山（刘心祈2190）。常见。

水葱属 Schoenoplectus (Rchb.) Palla

萤蔺 Schoenoplectus juncoides (Roxb.) Palla

黄竹岔（刘心祈24260）。少见。

藨草属 Scirpus L.

百球藨草 Scirpus rosthornii Diels

出保护站公路旁的山沟（杜晓洁等298）。少见。

珍珠茅属 Scleria P. J. Bergius

二花珍珠茅 Scleria biflora Roxb.

青云山。常见。

毛果珍珠茅 Scleria levis Retz.

雷公磜（杜晓洁等113），坝后水电站后的山沟（杜晓洁等1024）。常见。

高秆珍珠茅 Scleria terrestris (L.) Fass.

苦竹坳村（杜晓洁等555），中洞（杜晓洁等1061），雷公磜，青山口山脚（刘心祈24217）。常见。

针蔺属 Trichophorum Pers.

玉山针蔺 Trichophorum subcapitatum (Thwaites et Hook.) D. A. Simpson

老隆山水电站二级站（杜晓洁等1271）。少见。

332.禾本科 Poaceae

332A. 竹亚科 Bambusoideae

簕竹属 Bambusa Schreb.

粉单竹 Bambusa chungii McClure

跃进水电站（杜晓洁等691）。常见。

坭簕竹 Bambusa dissimulator McClure

葛坑（杜晓洁等472）。常见。

撑篙竹 Bambusa pervariabilis McClure

跃进水电站（杜晓洁等699）。常见。

牡竹属 Dendrocalamus Nees

麻竹 Dendrocalamus latiflorus Munro

葛坑（杜晓洁等511），跃进水电站二级电站。少见。

箭竹属 Fargesia Franch.

*箭竹 Fargesia spathacea Franch.

出保护站公路旁的山沟（杜晓洁等268），雷公磜。少见。

箬竹属 Indocalamus Nakai

箬叶竹 Indocalamus longiauritus Hand.-Mazz.

基站（杜晓洁等1215）。常见。

箬竹 Indocalamus tessellatus (Munro) Keng f.

青云山（杜晓洁等392）。常见。

刚竹属 Phyllostachys Siebold et Zucc.

毛竹 Phyllostachys edulis (Carrière) J. Houz.

葛坑（杜晓洁等490）。常见。

苦竹属 Pleioblastus Nakai

苦竹 Pleioblastus amarus (Keng) Keng f.

雷公礤，园洞旁土山。常见。

矢竹属 Pseudosasa Makino ex Nakai

托竹 Pseudosasa cantorii (Munro) Keng f. ex S. L. Chen et al.

跃进水电站（杜晓洁等683）。常见。

篲竹 Pseudosasa hindsii (Munro) S. L. Chen & G. Y. Sheng ex T. G. Liang

跃进水库（杜晓洁等581）。常见。

332B. 禾亚科 Agrostidoideae

三芒草属 Aristida L.

华三芒草 Aristida chinensis Munro

雷公礤山脚（杜晓洁等1321）。少见。

野古草属 Arundinella Raddi

毛秆野古草 Arundinella hirta (Thunb.) Tanaka

雷公礤（杜晓洁等185）。少见。

石芒草 Arundinella nepalensis Trin.

青云山（杜晓洁等390）。少见。

刺芒野古草 Arundinella setosa Trin.

雷公礤（杜晓洁等162；杜晓洁等1307；杜晓洁等1320）。常见。

芦竹属 Arundo L.

芦竹 Arundo donax L.

跃进水电站（杜晓洁等678）。常见。

孔颖草属 Bothriochloa Kuntze

孔颖草 Bothriochloa pertusa (L.) A. Camus

园洞隧道旁土山、石山。少见。

细柄草属 Capillipedium Stapf

细柄草 Capillipedium parviflorum (R. Br.) Stapf

园洞隧道旁土山（杜晓洁等1381）。少见。

山涧草属 Chikusichloa Koidz.

无芒山涧草 Chikusichloa mutica Keng

雷公礤（杜晓洁等186）。少见。

薏苡属 Coix L.

薏苡 Coix lacryma-jobi L.

食水坑（杜晓洁等193），中洞（杜晓洁等1059），老隆山水电站二级电站（杜晓洁等1242）。常见。

香茅属 Cymbopogon Spreng.

橘草 Cymbopogon goeringii (Steud.) A. Camus

跃进水电站（杜晓洁等686）。少见。

弓果黍属 Cyrtococcum Stapf

弓果黍 Cyrtococcum patens (L.) A. Camus

青云山（杜晓洁等368）。常见。

龙爪茅属 Dactyloctenium Willd.

龙爪茅 Dactyloctenium aegyptium (L.) Willd.

青云山（杜晓洁等2017/8/11 SF15）。常见。

马唐属 Digitaria Haller

升马唐 Digitaria ciliaris (Retz.) Koel.

青云山（杜晓洁等449），中洞（杜晓洁等1087）。少见。

绒马唐 Digitaria mollicoma (Kunth) Henr.

出保护站公路旁的山沟（杜晓洁等326）。少见。

红尾翎 Digitaria radicosa (J. Presl) Miq.

跃进水电站（杜晓洁等674），出保护站公路旁的山沟（杜晓洁等312）。常见。

马唐 Digitaria sanguinalis (L.) Scop.

中洞（杜晓洁等1080）。常见。

釀茅属 Dimeria R. Br.

华釀茅 Dimeria sinensis Rendle

雷公磜（杜晓洁等157）。少见。

稗属 Echinochloa P. Beauv.

光头稗 Echinochloa colona (L.) Link

青云山（杜晓洁等446）。常见。

孔雀稗 Echinochloa cruspavonis (Kunth) Schult.

出保护站公路旁的山沟（杜晓洁等350），葛坑（杜晓洁等482）。常见。

穆属 Eleusine Gaertn.

牛筋草 Eleusine indica (L.) Gaertn.

青云山（杜晓洁等448）。常见。

披碱草属 Elymus L.

柯孟披碱草（鹅观草）Elymus kamoji (Ohwi) S. L. Chen

跃进水电站（杜晓洁等613）。少见。

画眉草属 Eragrostis Wolf

鼠妇草 Eragrostis atrovirens (Desf.) Trin. ex Steud.

雷公磜山脚（杜晓洁等1319）。常见。

知风草 Eragrostis ferruginea (Thunb.) P. Beauv.

青云山（杜晓洁等1153）。常见。

宿根画眉草 Eragrostis perennans Keng

青云山（杜晓洁等373）。常见。

鲫鱼草 Eragrostis tenella (L.) P. Beauv. ex Roem. et Schult.

出保护站公路（杜晓洁等823）。常见。

牛虱草 Eragrostis unioloides (Retz.) Nees ex Steud.

科普教育径（杜晓洁等89）。常见。

黄茅属 Heteropogon Pers.

黄茅 Heteropogon contortus (L.) P. Beauv. ex Roem. et Schult.

青云山（刘心祈2478）。少见。

柳叶箬属 Isachne R. Br.

柳叶箬 Isachne globosa (Thunb.) Kuntze

雷公磜（杜晓洁等214）。常见。

<h2 style="text-align:center">鸭嘴草属 Ischaemum L.</h2>

粗毛鸭嘴草 Ischaemum barbatum Retz.

雷公礤（杜晓洁等163a）。常见。

细毛鸭嘴草 Ischaemum ciliare Retz.

雷公礤（杜晓洁等163）。常见。

<h2 style="text-align:center">千金子属 Leptochloa P. Beauv.</h2>

千金子 Leptochloa chinensis (L.) Nees

跃进水电站（杜晓洁等688；杜晓洁等689）。少见。

<h2 style="text-align:center">淡竹叶属 Lophatherum Brongn.</h2>

淡竹叶 Lophatherum gracile Brongn.

科普教育径（杜晓洁等49；杜晓洁等951）。常见。

<h2 style="text-align:center">莠竹属 Microstegium Nees</h2>

刚莠竹 Microstegium ciliatum (Trin.) A. Camus

出保护站公路旁的山沟（杜晓洁等2016/9/8 SF11）。常见。

蔓生莠竹 Microstegium fasciculatum (L.) Henrard

出保护站公路旁。常见。

<h2 style="text-align:center">芒属 Miscanthus Andersson</h2>

五节芒 Miscanthus floridulus (Labill.) Warb. ex K. Schum. et Laut.

跃进水电站（杜晓洁等684）。常见。

芒 Miscanthus sinensis Andersson

青云山（杜晓洁等422）。常见。

<h2 style="text-align:center">类芦属 Neyraudia Hook. f.</h2>

类芦 Neyraudia reynaudiana (Kunth) Keng ex Hitchc.

跃进水库（杜晓洁等594）。常见。

<h2 style="text-align:center">求米草属 Oplismenus P. Beauv.</h2>

中间型竹叶草 Oplismenus compositus var. **intermedius** (Honda) Ohwi

雷公礤（杜晓洁等132）。常见。

竹叶草 Oplismenus compositus (L.) P. Beauv.

科普教育径（杜晓洁等68），青云山（杜晓洁等423），老隆山水电站二级站（杜晓洁等1261）。常见。

稻属 Oryza L.

*稻 Oryza sativa L.

中洞（杜晓洁等1075）。常见。

露籽草属 Ottochloa Dandy

露籽草 Ottochloa nodosa (Kunth) Dandy

雷公礤（杜晓洁等116）。常见。

黍属 Panicum L.

紧序黍 Panicum auritum J. Presl ex Nees

食水坑（杜晓洁等453）。少见。

短叶黍 Panicum brevifolium L.

出保护站公路旁的山沟（杜晓洁等324；杜晓洁等345），葛坑（杜晓洁等513），跃进水电站（杜晓洁等643），科普教育径（杜晓洁等964）。常见。

藤竹草 Panicum incomtum Trin.

第二座桥十三公里沟（杜晓洁等1227），出保护站公路旁的山沟（杜晓洁等2016/9/8 SF28）。常见。

心叶稷 Panicum notatum Retz.

葛坑（杜晓洁等474）。常见。

铺地黍 Panicum repens L.

葛坑（杜晓洁等508）。常见。

雀稗属 Paspalum L.

长叶雀稗 Paspalum longifolium Roxb.

食水坑（杜晓洁等470）。常见。

鸭姆草 Paspalum scrobiculatum L.

跃进水库（杜晓洁等596），中洞（杜晓洁等1062）。常见。

雀稗 Paspalum thunbergii Kunth ex Steud.

青云山（杜晓洁等384）。常见。

狼尾草属 Pennisetum Rich.

象草 Pennisetum purpureum Schum.

园洞水坝（杜晓洁等1383）。常见。

金发草属 Pogonatherum P. Beauv.

金丝草 Pogonatherum crinitum (Thunb.) Kunth

跃进水库（杜晓洁等583），中洞（杜晓洁等1053）。少见。

简轴茅属 **Rottboellia** L. f.

简轴茅 Rottboellia cochinchinensis (Lour.) Clayton

青云山（杜晓洁等362）。少见。

囊颖草属 **Sacciolepis** Nash

囊颖草 Sacciolepis indica (L.) A. Chase

出保护站公路旁的山沟（杜晓洁等301），苦竹坳村（杜晓洁等543），出保护站公路旁（杜晓洁等976）。常见。

狗尾草属 **Setaria** P. Beauv.

皱叶狗尾草 Setaria plicata (Lam.) T. Cooke

苦竹坳村（杜晓洁等566）。常见。

棕叶狗尾草 Setaria palmifolia (Koen.) Stapf

雷公礤（杜晓洁等178），食水坑（杜晓洁等466），葛坑（杜晓洁等1090）。常见。

幽狗尾草 Setaria parviflora (Poir.) Kerguélen

保护站办公楼附近（杜晓洁等202），中洞（杜晓洁等1070）。常见。

金色狗尾草 Setaria pumila (Poir.) Roem. et Schult.

科普教育径（杜晓洁等75）。

狗尾草 Setaria viridis (L.) P. Beauv.

园洞水坝（杜晓洁等923），科普教育径。常见。

稗荩属 **Sphaerocaryum** Nees ex Hook. f.

稗荩 Sphaerocaryum malaccense (Trin.) Pilg.

苦竹坳村（杜晓洁等529）。常见。

鼠尾粟属 **Sporobolus** R. Br.

鼠尾粟 Sporobolus fertilis (Steud.) Clayton

葛坑（杜晓洁等493）。常见。

菅属 **Themeda** Forssk.

菅 Themeda villosa (Poir.) A. Camus

青云山（杜晓洁等393），雷公礤山脚（杜晓洁等1283）。常见。

壳斗科植物为优势种的常绿阔叶林

樟科植物为优势种的常绿阔叶林

海拔1000m以上常绿阔叶林

海拔1000m以上针阔叶混交林

中海拔常绿阔叶林

中海拔常绿阔叶林

中海拔常绿阔叶林

中海拔常绿阔叶林

中海拔常绿阔叶林

中海拔针阔叶混交林

中海拔针阔叶混交林

中海拔针叶林

中海拔沟谷常绿阔叶林

中海拔沟谷常绿阔叶林

中海拔沟谷常绿阔叶林

中海拔沟谷常绿阔叶林

中海拔湿地群落

低海拔针阔叶混交林

低海拔沟谷常绿阔叶林

库区水源林植被

毛竹与阔叶树混交林

毛竹林

野茶林

山顶杜鹃花群落

山顶灌丛群落

山顶青冈林群落

山顶芒草群落

山顶稀树草本植被

苏铁蕨群落

山顶灌草群落

苏铁蕨群落

人工桉树林

山村水稻田-人工植被

粗齿桫椤Alsophila denticulata

野含笑Michelia skinneriana

光叶紫玉盘Uvaria boniana

黄果厚壳桂Cryptocarya concinna

乌药Lindera aggregata

薄叶润楠Machilus leptophylla

锈叶新木姜子Neolitsea cambodiana

大叶新木姜Neolitsea levinei

显脉新木姜子Neolitsea phanerophlebia

闽楠Phoebe bournei

疏齿木荷Schima remotiserrata

普洱茶Camellia sinensis var. assamica

柔毛紫茎Stewartia villosa

薄果猴欢喜Sloanea leptocarpa

圆锥绣球Hgdrangea paniculata

大花枇杷Eriobotrya cavaleriei

鹿角锥Castanopsis lamontii

毛锥（南岭栲）Castanopsis fordii

华南吴萸Tetradium austrosinense

青藤公Ficus langkokensis

杜鹃（映山红）Rhododendron simsii

189

广东杜鹃Rhododendron kwangtungense

鹿角杜鹃Rhododendron latoucheae

猴头杜鹃Rhododendron simiarum

密花树Myrsine seguinii

越南山矾Symplocos cochinchinensis

黄牛奶树Symplocos cochinchinensis var. laurina

大果三翅藤Tridynamia sinensis

野蕉Musa balbisiana

藤石松 Lycopodiastrum casuarinoides

蛇足石杉 Huperzia serrata

福建莲座蕨 Angiopteris fokiensis

中华里白 Diplopterygium chinensis

稀子蕨 Monachosorum henryi

西南凤尾蕨 Pteris wallichiana

下延叉蕨 Tectaria decurrens

大叶骨碎补 Davallia divaricata

大叶骨碎补Davallia divaricata

锈毛铁线莲Clematis leschenaultiana

石韦Pyrrosia lingua

阔叶十大功劳Mahonia bealei

蕺菜Houttuynia cordata

宽叶金粟兰Chloranthus henryi

草珊瑚Sarcandra glabra

黄花倒水莲Polygala fallax

东南景天Sedum alfredii

杠板归Polygonum perfoliatum

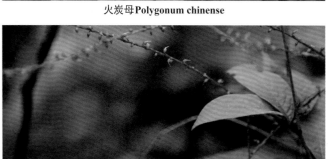

火炭母Polygonum chinense

绿萼凤仙花Impatiens chlorosepala

金线草Antenoron filiforme

钮子瓜Zehneria maysorensis

光叶海桐Pittosporum glabratum

粗喙秋海棠Begonia longifolia

小果核果茶Pyrenaria microcarpa

岗松Baeckea frutescens

柏拉木Blastus cochinchinensis

少花柏拉木Blastus pauciflorus

金锦香Osbeckia chinensis

地菍Melastoma dodecandrum

猴欢喜Sloanea sinensis

木芙蓉 Hibiscus mutabilis

东方古柯 Erythroxylum sinense

白楸 Mallotus paniculatus

木油桐 Vernicia montana

罗蒙常山 Dichroa yaoshanensis

小果蔷薇 Rosa cymosa

广东美脉花楸 Sorbus caloneura var. kwangtungensis

龙芽草Agrimonia pilosa

猴耳环Archidendron clypearia

薄叶猴耳环Archidendron utile

香花鸡血藤Callerya dielsiana

亮叶鸡血藤Callerya nitida

美丽胡枝子Lespedeza formosa

大果马蹄荷Exbucklandia tonkinensis

半枫荷Semiliquidambar cathayensis

光叶山黄麻 Trema cannabina

粗叶榕 Ficus hirta

锈毛钝果寄生 Taxillus levinei

长叶冻绿 Rhamnus crenata

变叶树参 Dendropanax proteus

白簕 Eleutherococcus trifoliatus

鸭儿芹 Cryptotaenia japonica

红马蹄草 Hydrocotyle nepalensis

山血丹 Ardisia lindleyana

虎舌红Ardisia mamillata

鲫鱼胆Maesa perlarius

当归藤Embelia parviflora

钟萼粗叶木Lasianthus trichophlebus

平叶酸藤子Embelia undulata

多花茜草Rubia wallichiana

毒根斑鸠菊Vernonia cumingiana

大头橐吾Ligularia japonica

桃叶金钱豹Cyclocodon lancifolius

红丝线Lycianthes biflora

洋金花Datura metel

毛麝香Adenosma glutinosum

光萼唇柱苣苔Chirita anachoreta

双片苣苔Didymostigma obtusum

爵床Justicia procumbens

板蓝Strobilanthes cusia

板蓝Strobilanthes cusia

广东大青Clerodendrum kwangtungense

血见愁Teucrium viscidum

中华锥花Gomphostemma chinense

狭叶假糙苏Paraphlomis javanica var. angustifolia

野生紫苏Perilla frutescens var. purpurascens

蛛丝毛蓝耳草Cyanotis arachnoidea

花叶山姜Alpinia pumila

闭鞘姜Costus speciosus

阳荷Zingiber striolatum

蘘荷Zingiber mioga

竹根七Disporopsis fuscopicta

金钱蒲Acorus gramineus

金线兰Anoectochilus roxburghii

流苏贝母兰Coelogyne fimbriata

建兰Cymbidium ensifolium

橙黄玉凤花Habenaria rhodocheila

多叶斑叶兰Goodyera foliosa

石仙桃Pholidota chinensis

高斑叶兰Goodyera procera

浆果薹草Carex baccans

苞舌兰Spathoglottis pubescens

薏苡Coix lacryma-jobi

青云山下秀

新晴野望

考察队员登上山顶

考察队员爬山涉水

野外记录资料